中国科学家爸爸思维训练丛书

给孩子地球科学课

尹　超　李文慧　李彦伟◎著

郭玥阳◎图

中国妇女出版社

图书在版编目（CIP）数据

给孩子的地球科学课 / 尹超，李文慧著 ；李彦伟文 ；郭玥阳图. -- 北京 ：中国妇女出版社，2025. 1.
(中国科学家爸爸思维训练丛书). -- ISBN 978-7-5127-2442-6

Ⅰ. P-49

中国国家版本馆CIP数据核字第202460NV11号

责任编辑： 赵 曼
封面设计： 尚世视觉
责任印制： 李志国

出版发行： 中国妇女出版社
地　　址： 北京市东城区史家胡同甲24号　　邮政编码：100010
电　　话： （010）65133160（发行部）　　65133161（邮购）
网　　址： www.womenbooks.cn
邮　　箱： zgfncbs@womenbooks.cn
法律顾问： 北京市道可特律师事务所
经　　销： 各地新华书店
印　　刷： 北京中科印刷有限公司

开　　本： 165mm×235mm　1/16
印　　张： 17.5
字　　数： 260千字
版　　次： 2025年1月第1版　　2025年1月第1次印刷
定　　价： 69.80元

如有印装错误，请与发行部联系

地球以其宜居的环境和富饶的资源成为我们居住的家园，以其悠久的历史和多变的自然现象丰富了我们的知识库，还以其不同的气候带和地表景观影响着我们的生产生活，并融入我们的文化之中。在创作《给孩子的地球科学课》之前，我们也曾一次次地问自己，市面上此类科普读物五花八门，我们该以什么视角给孩子们呈现一个活生生的地球？如何让本书既区别于地理教科书，又区别于低幼绘本和故事书？央视的《中国诗词大会》《中国国宝大会》《中国地名大会》等节目给了我们启示。

自然科学知识与人文历史知识不是泾渭分明的，它们之间相互交融，因此本书通过一个个文化知识点，如一首古诗、一个成语、一个名著中的情节、一种生活习俗作为引入点，向孩子们呈现地球的运动、大气圈的变化、水圈的循环、岩石圈的演化及地球科学的研究方法等，让孩子们探索科学中的文化，发掘文化中的科学，从而坚定文化自信，这就是本书的写作初衷。

欧阳修曾说："醉翁之意不在酒，在乎山水之间也。"本书的编写之意不是让孩子们记住多少地球科学知识，而是希望培养他们拥有一双发现的慧眼，从而让这些冷冰冰的知识在他们的头脑中鲜活起来。

尹超

2024年4月22日

认识地球

地球的大气圈及大气现象

地球上的水

第四篇 矿物与岩石

第五篇

岩石圈的运动与地貌景观

科学家是如何揭开地球奥秘的

认识地球

认识地球，就是从整体上初步认识我们生存的家园及其特征。首先，地球是个“球”，这已经被很多事实所证明。地球是不断运动的，有公转和自转，由此产生昼夜的变化和四季的轮替。地球的公转会导致除赤道外的其他地区昼夜的长短不断发生变化。有意思的是，在一年中，地球离太阳最近的时刻，祖国大地却是一派隆冬季节的景象，这是为什么呢？翻开年历，我们发现公历每四年设置一个闰年，而农历每三年设置一个闰年，这也与地球的运动相关。当然，除了地球的运动，月球的运动对于人类的生产、生活也会产生重要影响。

其实，上述有关地球的知识我们可以从一些古诗词中发现蛛丝马迹，为什么“欲穷千里目”，就要“更上一层楼”？“明月”到底“几时有”？文天祥为何用磁针石做比喻来表达爱国情怀？“闰岁春来特地迟”是真实的现象吗？……诸如此类问题都可以从本章中找到答案。

证明地球是球体

为什么“欲穷千里目”，就要“更上一层楼”？

想一想：

你去过鹳雀楼吗？

你知道王之涣《登鹳雀楼》一诗中“白日依山尽”提到的山是指哪座山吗？

为什么“站得高”才能“望得远”？

白日依山尽，黄河入海流。

欲穷千里目，更上一层楼。

这首诗是唐代诗人王之涣在鹳雀楼吟诵出的千古名诗。傍晚时分，望着依傍着西山慢慢沉没的太阳，倾听着黄河滚滚东去的波涛声，诗人似乎从自然中获得了一种向上的力量。“欲穷千里目，更上一层楼”抒发了诗人积极向上的情怀。

据考证，鹳雀楼位于今天的山西省永济市，西面是中条山。这座始建于北周时期的楼阁于 1992 年重建后楼高 73.9 米，每年吸引着众多游客登楼重温王之涣诗中的意境。

登鹳雀楼

“站得高，望得远”，这是世人皆知的常识。就连英国伟大的科学家艾萨克·牛顿也曾说过：“如果说我比别人看得更远一些，那是因为我站在巨人的肩膀上。”在很多人看来，站得高，视野开阔，遮挡物少，这是看得远的原因。其实这只是一个次要原因，真正的主要原因是我们的地球是一个球体。

我们不妨看一看下面简单的图示。

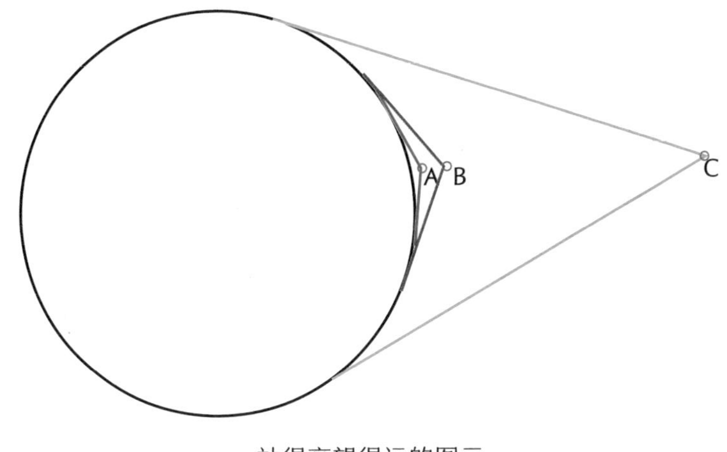

站得高望得远的图示

圆外不同距离的点 A、B 和 C，从这三个点的任何一点看到的圆的范围就是由该点向圆引两条切线所包含的范围。很明显，离圆最近的 A 点（代表海拔低的地方）看到的范围最小，离圆稍远的 B 点（代表海拔高的地方）看到的范围更大，离圆很远的 C 点（如宇航员所在位置）几乎可以看到半个球面。

因此，“欲穷千里目，更上一层楼”不仅是一句激励人奋进的正能量诗句，而且蕴含科学意义，还从侧面证实了我们脚下的大地不是一个平面，而是一个圆球，是对天圆地方说的否认。

除了《登鹳雀楼》这首诗外，李白的《黄鹤楼送孟浩然之广陵》中的“孤帆远影碧空尽，唯见长江天际流”同样可以证明地球是一个球体。因为只有地球是个球体，我们看到远去的船只才会先是船身消失，呈现“孤帆远影”，之后船帆消失，最后桅杆顶部消失。而如果大地是平面，那么根据透视原理，看到远去的船只只能是等比例越来越小，也就是说船身和船帆都能看见，直到消失在一个点。

还有很多现象可以证明地球是个圆球，例如在月食时看到地球本影是圆弧形（月球被遮住的阴影是弧形），再如古希腊数学家埃拉托色尼通过两个地方同一时间的太阳高度不同证实了大地是有弧度的。另外，伟大的航海家麦哲伦及其同伴完成了著名的环球航行是对地球是球体的最有力证明。

延伸阅读 人类对地球认识发展的历程

早期的人类活动范围很小，因此很难察觉到大地是有弧度的，因此认为大地是个平面，天如同一个穹隆罩在地面上，这就是以“天圆地方”为代表的“盖天说”。随着人类活动范围的扩大，各种现象逐渐表明地球是圆球，于是“浑天说”取代了“盖天说”。

到了欧洲文艺复兴时期，才有了地球是不是宇宙中心的讨论，有了著名的“地心说”与“日心说”的论战。随着意大利科学家伽利略发明望远镜，人类开始了真正的放眼看宇宙。

如今随着射电天文学和宇航技术的不断进步，人类对于宇宙的认识从地球扩大到了星系世界，从而认识到地球只不过是宇宙中的一粒尘埃而已。

地球的运动与太阳照射角度

“三九”的严寒天是因为地球离太阳远造成的吗？

想一想：

数九寒天是一年中最冷的时间段，天气寒冷是因为地球离太阳远造成的吗？

地球围绕太阳的轨道是什么形状的呢？是正圆吗？

造成不同季节冷热不同的根本原因是什么？

“一九二九不出手，三九四九冰上走……”这是我们耳熟能详的数九歌，但是令人意想不到的是，数九寒天却是地球一年中离太阳最近的时间段，如 2023 年地球过近日点的时间是 1 月 5 日，为二九第六天。地球为什么离太阳有远有近？为什么离太阳近反而天气变得寒冷了呢？

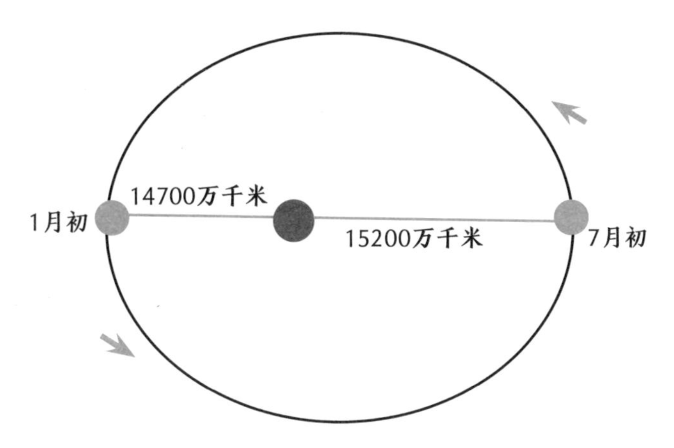

地球每年 1 月初过近日点，7 月初过远日点

首先，地球绕日运动的轨道不是一个正圆，而是一个接近正圆的椭圆。什么是椭圆？传统的椭圆画法就是在画板上钉两颗钉子，然后将一根剪开的皮筋两端分别拴在两颗钉子上，中间拴上一根铅笔。握住铅笔将皮筋拉直，然后绕一周，铅笔画出的轨迹就是一个椭圆，这两颗钉子就是椭圆的焦点。同样，地球轨道是一个椭圆，太阳位于椭圆的一个焦点上，因此地球在轨道上运行时与太阳的距离就会发生变化，最近

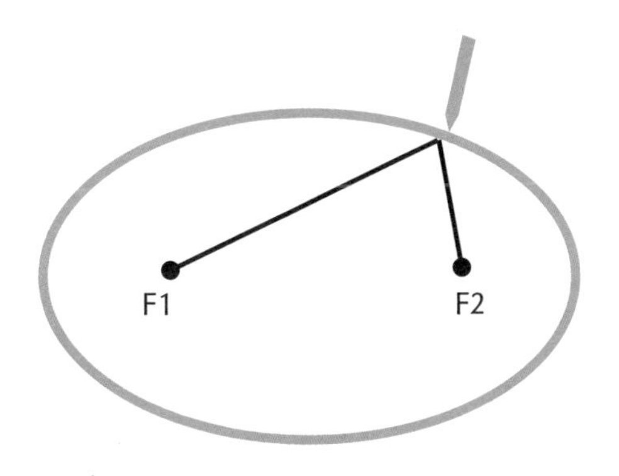

椭圆（图中定点 F1、F2 叫作椭圆的焦点）

时有 14700 万千米，最远时有 15200 万千米。虽然相差 500 万千米感觉很远，但是相对地球和太阳的平均距离来说，这就不算大了。因此，地球距离太阳的远近对于气候的影响是微乎其微的。

那么，真正决定不同季节冷热不同的因素是什么呢？其实是太阳的照射角度。我们都有这样的经验：当夏季烈日当头时，我们会感觉很炎热，这是因为太阳在头顶或者接近头顶的位置，照射角度高。冬季阳光照射时我们不会感到炎热，反而觉得暖和，这是因为太阳的照射角度低。高角度和低角度照射的区别就在于同样一束光照射面积不同，高角度照射面积小，单位面积接收的热量就多；低角度照射面积大，单位面积接收的热量就少。

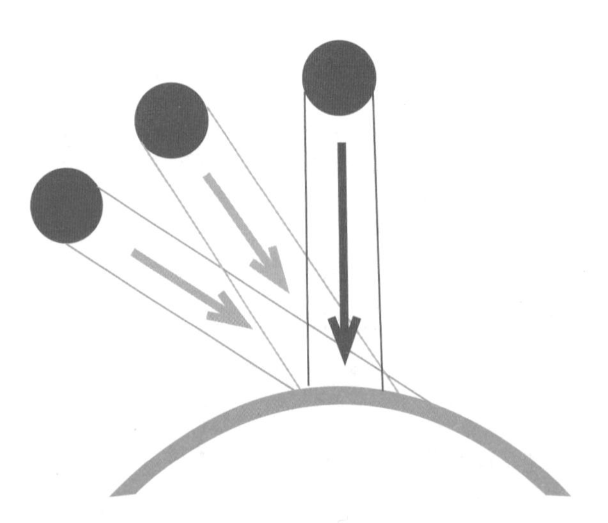

直射、高角度斜射与低角度斜射的区别

地球在绕太阳公转的同时，自身也像陀螺一样不断摆动，这就造成了太阳直射点在南北回归线之间不断移动。当地球过近日点时，太阳直射点在南半球，靠近南回归线，北半球处于寒冬，而南半球处于盛夏；相反，当地球过远日点时，太阳直射点在北半球，靠近北回归线，北半球处于盛夏，而南半球处于寒冬。

延伸阅读 地球轨道会改变吗？

地球的轨道虽然是椭圆的，但是比较接近正圆，从数学的角度看，地球轨道的离心率很小。

在历史上，地球经历过冰期，因此有学者认为在地球历史上，地球轨道曾发生过改变，比现在更“椭”（离心率更大、更扁长），在近日点和远日点时地球与太阳的距离相差更多，造成地球气候更加严寒。但是这还需要进一步研究和证实。

地球的运动与计时差额

闰年真的能推迟季节的到来吗?

想一想:

你读过几首写闰年的诗?

为何要设立闰年呢?

闰年会对我们的生活产生什么影响呢?

江云垂野雪如簁，闰岁春来特地迟。

倒尽酒壶终日醉，卧听儿诵半山诗。

这是陆游描绘春季雪景的《春雪》。诗中认为闰年多了一个月，所以春天迟到了。此外，唐代的皇甫冉有“闰岁风霜晚，山田收获迟”的诗句。在古人看来，闰年比平年多了一个月，因此季节轮回、物候都会相应推迟。今天来看，这显然是不科学的。那么，我们为什么要设立闰年？公历和农历分别间隔几年设置一个闰年？闰年对于我们来说有什么影响呢?

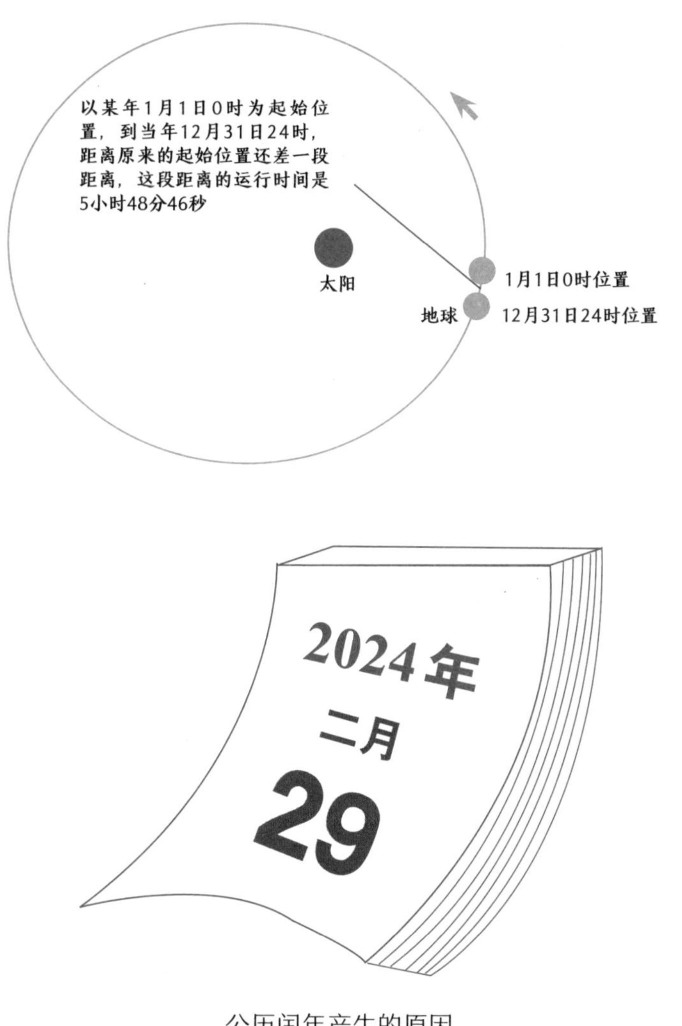

公历闰年产生的原因

闰年的来源与地球的公转、自转及月相变换有密切关系。地球自转一周即一日，可以分为太阳日和恒星日两种，太阳日是 24 小时，也就是我们平时用的时间记录方式，古人则把太阳日划分为 12 个时辰。恒星日是地球自转一周的精确时间，即 23 时 56 分 4 秒。地球公转一周的时间是 365 个太阳日，余

5小时48分46秒。如果把一年固定为365日，这个余数会不断扩大，那么过700多年后，元旦则会在盛夏季节。为了修正这个“余额”，于是古人每4年设一个闰年，把闰日加在2月份，因此2月29日这个日期大约每4年出现一次。但是这样又会出现一个问题，即如果每4年补一天，那么时间会额外多出44分56秒，这样每100年将多增加近一天的时间。因此，古人规定如果整百的年份不能被400整除，便不设为闰年，如果既能被100整除，又能被400整除，则设为闰年。如2000年是闰年，但是1900年和2100年都不是闰年。

上述是我们现行使用的公历闰年的设置，那么农历的闰年是怎么设定的呢？这和农历计月有关。农历以完整月相轮回为一个月，新月时记为初一，作为一个月的开始，满月时记为十五，作为月中。一个月相周期为29.53天，这样一年有354天余11天，3年便可以余出一个月，因此每过三年设一个闰年，闰年多加一个月，这样也就解决了多出的一个月。

可以看出，闰年是因为地球公转周期不是自转周期及月相变化周期的整数倍、为了解决余数而设立的，但是闰年的设置并不意味着能够影响物候和季节轮回。在我们现在的日历上，每个节气的日期是相对稳定的，即使有波动也就是一两天的波动范围。当年陆游创作《春雪》时恰逢农历闰年，又因为短期气候波动造成倒春寒，于是他感慨“闰岁春来特地迟”。

延伸阅读 闰年对于我们日常生活有什么影响呢？

严格来讲，闰年对于我们生活最大的影响就是对节日和生日的影响。对于以公历日期设定的节日和记录的生日，因为闰年会多一天，影响是有限的，而对于2月29日出生的人来说则需要等待4年才能过一个生日。

但是对于以农历日期设定的节日和记录的生日来说，闰年的影响就相对较大。以春节为例，由于农历平年为354～355天，因此第二年春节比头一年春节在公历日期上要提前10天左右，但是农历闰年为384～385天，因此第二年春节比头一年春节在公历日期上要推后20天左右。

地球的磁场

指南针为何指南？

想一想：

你读过文天祥所作的《扬子江》这首诗吗？这首诗表达了诗人怎样的情怀呢？

指南针作为四大发明之一，它的原理是什么？

指南针会不会有一天失灵了呢？

“指南”一词如今代表索引、指导的含义，而它来源于我国的四大发明之一——指南针。南宋政治家文天祥在抗击元军被俘又侥幸逃脱后，乘船过扬子江时，写下了“几日随风北海游，回从扬子大江头。臣心一片磁针石，不指南方不肯休”这样浩气凛然的诗句。诗中用指南针做比喻，表达了他忠于南宋的爱国之心。其实这首诗不经意间点出了指南针指南的特点。

司南

指南针的发明是我国对世界的重要贡献，它直接推动了交通运输业的发展。从中世纪到文艺复兴时期，欧洲的航海家有的发现了新大陆，有的完成了环球航行，依靠的就是指南针。我国海上丝绸之路的开辟，特别是明代郑和七次下西洋的壮举也离不开指南针。如今各种交通工具上都装有罗盘，地质工作者野外工作时也带着地质罗盘，这些都与指南针有着相似的功能。此外，在一些中小学的科学实验课上，学生们还可以动手制作指南针：将一枚铁针用磁铁磁化，然后将其吊在半空中，它就会不断转动，静止时会指向南北方向。那么，指南针为何会指南呢？这就要从地球的磁场说起。

地球是一个巨大的磁铁，有南、北两个磁极。制作指南针的磁针可以看作一个小磁铁，也有南、北两个磁极。当两块磁铁放在一起时，同极相斥、异极相吸，这样指南针会与地球这个大磁铁相互作用。当指南针静止时，它的磁南极指向地球的磁北极，磁北极则指向地球的磁南极。幸运的是，目前地球的两个磁极和地理位置上的南北两极离得很近，所以这才是指南针指南的根本原因。

那么，地球为何会有磁场呢？这个问题目前仍然在研究之中，有的学者认为，地球的磁场产生于地球的外地核。外地核是液态的，以熔融的铁为主。正因为外地核可以流动，因此就像一个巨大的发电机会产生电流，从而产生磁场。由于地球的磁极会不断移动，而且地球磁场也会发生强弱变化，甚至可能在一段时间内消失，恢复后还会倒转。因此，我们手中拿的指南针有可能在未来会失灵，甚至指示的方向会与实际的方向刚好相反。当然，这或许是几万年甚至十几万年以后的事情了。

地质罗盘

延伸阅读 地球磁场的倒转

对古磁场方向的研究揭示了地磁倒转的事实，即两个磁极交换位置。在磁场发生倒转的时候，指南针上的指北针将指向南方，而不是北方！现在的磁场处于正极性阶段，当磁场发生倒转时，就是反极性阶段。在过去的1.6亿年中，磁场发生了几百次倒转。在过去的1500万年间，每两次倒转之间的间隔时间很长，平均的间隔时间大约是20万年。上一次倒转发生在78万年前。

岩石中的古磁场记录表明，磁场倒转发生得相当突然，间隔时间在1000年到6000年不等。在发生倒转时，磁场的强度明显降低。当磁场很弱的时候，地球抵抗宇宙射线的能力会下降，地表的生物体可能会因暴露出过量的宇宙射线而处于危险之中。

地球的卫星——月球

明月到底几时有？

想一想：

月相是如何变化的？

为何会发生日食和月食？

日食和月食对人类有什么影响？

苏轼的《水调歌头·明月几时有》把天上和人间、明月和时间联系起来，提出“明月几时有？把酒问青天，不知天上宫阙，今夕是何年？”之问，问得大气磅礴、充满哲理，也问出了千百年来古人心中的疑问。因为古人经过长期观察发现，月亮不像太阳那样总是以一个圆球的形象出现，它有时像弯刀，有时又像银盘，有时还会发生“天狗食月”……那么，圆圆的月亮究竟几时有呢？月亮为什么会出现“阴晴圆缺”的变化呢？现代天文观测给了我们科学的解答。

月球是地球的天然卫星，就像地球围绕太阳公转那样，月球也会围绕地球公转。而且就像太阳系的其他星体一样，月球

本身是一个不会发光的球体，我们看到的月光是太阳光经月球反射到地球上的光。当月球处在地球和太阳正中间的时候，我们看到的月球是完全背阴的一面，没有太阳光可以反射过来，这一天完全看不到月亮，这一天在中国历法上被称为“朔”，也叫作“新月”，被古人定为每个月的第一天。这一天晚上看不到月亮，白天也可能会出现看不到太阳的情况。那是因为月球把太阳光部分或者完全遮挡住了，看起来就像太阳慢慢地被阴影吞噬，这种现象就是“日食”，古人也叫“天狗食日”。当然，因为月球、地球和太阳运行角度的不同，并不是每个月都能看到“日食”。

朔日之后，根据月球公转轨迹的变化规律，月亮会因为反射太阳光角度的不同而出现大（小）弯刀的样子，其中出现在每个月前半个月的月亮往往露出上半边，被称为“上弦月”，后半个月的月亮往往露出下半边，被称为“下弦月”。月中通常是每个月的十五日，月球与地球、太阳再次处于一条直线上，此时地球处在月球和太阳中间，可以看到太阳光反射出月亮圆圆的样子，这一天被称为“望”，也叫作“满月”。这一天可能会出现一种神奇的现象，就是当地球和月球运行到一定角度，月球会被地球的阴影缓慢覆盖乃至完全被地球遮挡，这种现象就是“月食”，也就是古人所谓的“天狗食月”。

月球围绕地球一圈的平均时间是 29.53 天，古人把太阳和月亮交替出现的周期定为一天，月亮围绕地球一圈的时间则定为一个月，是“朔”“望”的交替周期，也就是现在公用历法上的30天左右。因此，当我们仰望星空，根据月亮当前的样子，就大概可以知道今夕是何日了。

延伸阅读 日食、月食对地球和人类有什么影响？

日食和月食都是天文现象，即太阳或者月球短暂地出现被阴影遮挡的情况，它们的形成都是月、地、日三个天体自然运行到一定角度时出现的，对地球上的生物活动、地质运动等影响并不明显。但是这两种奇特的天文景观对人类的影响相对较大。

从社会生活方面来说，日食期间，太阳光会在白天暂时性“断电”，现在很多国家太阳能光伏发电量占比较大，太阳能突然消失，会让依赖光伏发电的地区出现电力供应不足的情况，从而影响工业生产和人们生活。

从文化艺术角度来说，人类对日食和月食有很多非科学的、充满想象力的解释，如“天狗食日”“天狗食月”等神话传说。在古代，人们常常把日食和月食看作天灾的征兆，也是对当权者的警示。在现代社会，日食和月食则是天文爱好者乃至普通民众喜欢观察和探索的天文现象，由此产生了很多摄影、绘画等艺术作品，如德国乔治·格罗兹创作的最大的一幅油画名为《日食》。

地球的大气圈及大气现象

地球的大气圈是包裹在地球外围的气体层，大气对于人类有重要的意义，它不仅维持着地表的各种生命，“导演”着风、霜、雨、雪等大气现象，对于人类的生活也有重要影响。

有两首曾经传唱于大街小巷的流行歌曲《三万英尺》和《深呼吸》，它们或多或少地揭示了大气圈的特点。你知道飞机为何要飞翔在3万英尺的高空吗？你知道供我们深呼吸的氧气是从何而来的吗？

此外，从古今中外的诗歌、文学作品、影视作品中都可以发现一些科学观象，如赤壁大战发生在冬季，但为何会有东风？为何很多边塞诗都有雪景和沙尘天气的描述？“诗圣”杜甫窗外的西岭山为何能覆盖千秋雪？……这些问题都可以在本章找到答案。

地球大气分层

飞机为何飞翔在3万英尺的高空?

想一想:

你听过《三万英尺》这首歌吗?

你知道飞机为何飞翔在3万英尺的高空吗?

飞机在爬升过程中为何会出现颠簸?

“爬升，速度将我推向椅背，模糊的城市慢慢地飞出我的视线。呼吸，提醒我活着的证明，飞机正在抵抗地球，我正在抵抗你。远离地面，快接近三万英尺的距离，思念像黏着身体的引力，还拉着泪不停地往下滴。逃开了你，我躲在三万英尺的云底，每一次穿过乱流的突袭，紧紧地靠在椅背上的我，以为还拥你在怀里……”这首《三万英尺》曾经风靡大街小巷，歌曲唱出了主人公离开爱人出行的心情。这首歌的歌词其实还描述了一些科学现象。

3万英尺有多高呢？1英尺大约是0.3048米，3万英尺大约是9144米，这个高度大致相当于地球大气层对流层的顶部与平流层的底部的界线高度，这也就引出了地球大气层的特性。地球的大气层是包裹在地球外侧的气体混合层，其气体成分多样，而且大气层随着高度的变化，其气体密度、温度及各种物理特性都发生着变化。因此，科学家按照这些性质的不同将大气从下到上依次划分为对流层、平流层、中间层、热层和散逸层。

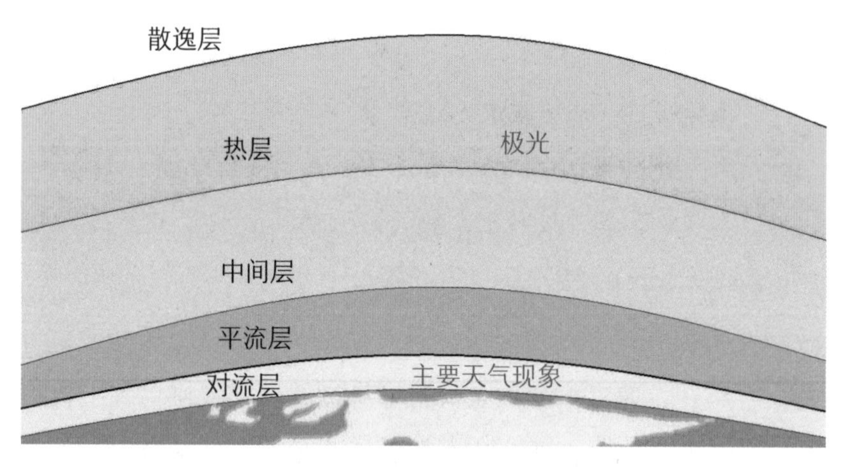

地球大气分层

“对流层”这一名称源于空气可以做垂直的对流运动。该层空气运动剧烈且不规则，经常出现湍流，这也是飞机在爬升过程中出现颠簸的原因。

位于对流层中的积雨云

平流层是从地面向上的第二层大气，因为空气以水平流动为主，几乎不发生垂直的对流，因此飞机在此层大气中飞行受力比较稳定，便于操控。此外，平流层中水汽和颗粒物较少，天气青绿，光线好，能见度高，这些都是利于飞行的因素。平流层与对流层的界线高度在不同地区有差异，平均为 10 千米，平流层顶部与中间层的界线大约在 50 ~ 55 千米。目前，大部分飞机飞行在平流层的底部，大约是 3 万英尺的高度，这也是歌曲《三万英尺》歌名的来源。

飞机在平流层底部飞行

中间层从平流层顶部延伸到大约 85 千米的高度，这一层的大气中空气存在剧烈的垂直运动，而且大气的温度从底部到顶部是迅速下降的。

热层是第四层大气，其密度很小，该层大气处于电离状态。我们看到的极光便发生在热层。

热层之上是最外层，即散逸层。该层由于气体受到地球引力作用很小，因此很多气体分子会散逸到宇宙空间。

尽管地球大气层可以延伸到几百千米的高空，但是和人类关系最密切的还是近地表的对流层，这里集中了地球大气的绝大部分质量，绝大部分天气现象也发生在对流层中。

延伸阅读　对流层大气产生对流的原因是什么？

对流，就是一种垂直运动。要了解对流产生的原因，我们不妨观察一下烧开水的过程。随着水被加热，位于壶底的水温迅速升高而膨胀、密度变小，而位于壶上部的表层水的温度相对较低，密度相对较大。这种密度不同导致底部的水上升，而上部的水下沉，在壶中形成一个环流，这就是水的对流。大气对流与之相似，当地面被加热，近地面空气就会膨胀上升，而高空的冷空气则下沉，会形成垂直的环流。正是这种对流作用，导致地表的水蒸气被运送到高空，冷凝形成水滴、雪花或冰晶，最终形成降水。此外，当一个地方的空气受热上升后，该地气压降低，而周围气压高的地方的空气便会流入，就形成了近地面的空气流动，也就是风。可见，对流是很多天气现象产生的原因。

大气圈的演化

地球的大气经历怎样的演化才能让我们深呼吸?

想一想:

你听过《深呼吸》这首歌曲吗?

为什么我们必须时时刻刻呼吸氧气?

地球大气从诞生那刻起就有氧气吗?

“深呼吸，闭好你的眼睛，全世界有最清新氧气。用最动听的声音消除一切距离。努力爱，超越所有默契、所有的动力……”《深呼吸》这首歌曲曾经红遍大江南北，至今仍然是很多唱歌爱好者去 KTV 必点的歌曲。其实在你唱歌的时候，我们的呼吸系统就在源源不断地为身体输送着氧气。

我们之所以需要氧气，是因为氧气是体内进行新陈代谢的关键物质。在体内，氧气会转化为血氧，由血液输送到身体的各个器官。人体维持生命活动的能量主要来源于糖类、脂肪和蛋白质，但是这三种物质必须经过氧化分解才能释放能量，而血氧刚好可以促进这些化学反应的发生。大脑在缺乏氧气的环境中 6 分钟就会受到致命损害，而心脏 10 分钟就可以停止跳动。

想象一下，如果我们穿越到亿万年前，我们能像今天一样自由呼吸吗？答案可能有些复杂，因为在地球演化的不同阶段，大气中的氧气含量是不同的。

大约 46 亿年前，地球从太阳星云中凝聚而成，当时地球周围有一层稀薄的大气，主要成分是氢气和氦气。由于当时地球引力较小，这层大气很快就消失了。随后地球上有了剧烈的火山和岩浆活动，从地球内部喷射出二氧化碳、氨气、甲烷、硫化氢等分子量较大的气体，同时地球的引力增强，逐渐形成了磁场，这些气体在地球周围形成了远古大气圈。

在地球漫长的演化中，由于生命的诞生，使得大气成分不断发生变化。大约 35 亿年前，可以进行光合作用的蓝细菌出

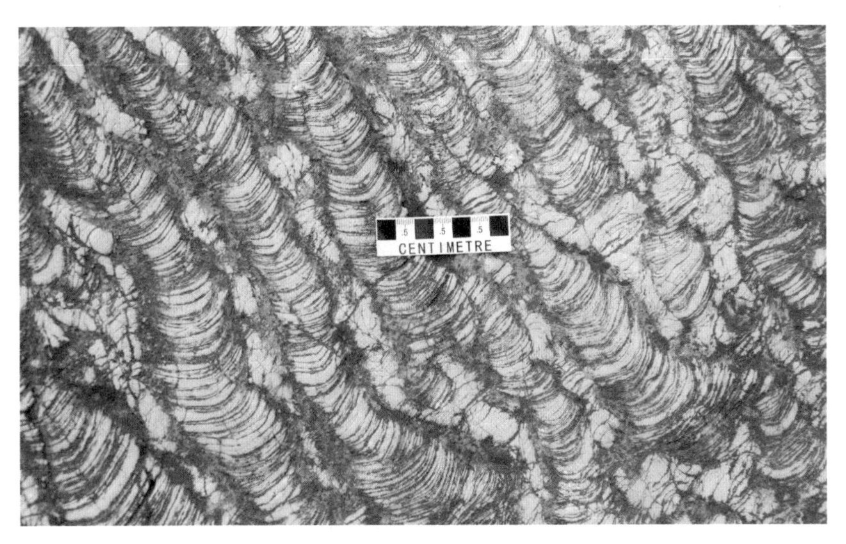

由古代蓝细菌形成的叠层石

现，它们不断消耗二氧化碳，同时释放氧气。氧气的出现，又与大气中的氨气发生反应，释放出氮气。这种改造持续了30多亿年，最终形成了今天以氮气和氧气为主要成分的大气。

但是，大气中的氧气含量并非从少到多一直稳步攀升，中间经历过多次起伏波动。大约4亿年前，植物开始向陆地拓展，仅仅用了不到1亿年就布满了陆地的各个角落，形成了成片的原始森林。这些原始森林是一个大氧吧，使得当时地球氧气占比达到35%左右。氧气的增多意味着可以供动物呼吸和新陈代谢的资源增多，从而塑造了大个体的生命。根据化石

3亿多年前，地球上出现大量原始森林，空气中氧气充足，为动物向陆地发展创造了条件

可以发现，当时的蜻蜓体长可以达到 70 厘米，翼展可以达到 1 米多。如果我们穿越到那个时代，身高可能轻轻松松突破 3 米。但是，地球在历史上也曾有过一段缺氧的时间。有研究表明，在 2.52 亿年前，地球上普遍出现缺氧的状态，这个时间段恰恰对应最大的一次生物大灭绝。

如今，随着化石燃料的大量使用，地球上的氧气有了下降的趋势，而二氧化碳则有大幅增加的趋势，如果任由这种状态持续，或许我们的子孙后代将很难“深呼吸”了。

延伸阅读 氧气与二氧化碳的比例变化影响地球气候

植物的光合作用、火山活动及人类活动都会改变大气中氧气与二氧化碳的浓度，从而影响地球气候。如果氧气大幅增加，而二氧化碳大幅减少，地球大气的保温作用就会大大削弱，可能导致地球进入冰期。有研究显示，在大约3亿年前的石炭纪就出现过一次大冰期，可能与当时大气中氧气“过剩”、二氧化碳不足有关。

今天我们面临的情形刚好相反。随着燃烧煤炭、石油、天然气，大气中的氧气不断被消耗，同时大片森林被砍伐减少了氧气源，最终导致氧气减少，而二氧化碳大幅增加，温室效应显著，全球气候大幅变暖的趋势已经形成。

控制风向的因素

赤壁大战时，诸葛亮为何能“借来”东风？

想一想：

赤壁大战是奠定三国政治格局的一场战役，你了解古战场赤壁的地理情况吗？

《三国演义》中诸葛亮为何在冬季能“借来”东风？

为何会有局地风场？

风向与哪些地理因素有关呢？

唐代诗人杜牧在诗作《赤壁》中这样评价赤壁之战：“折戟沉沙铁未销，自将磨洗认前朝。东风不与周郎便，铜雀春深锁二乔。”他认为，正是东风帮助孙刘联军用火攻的方式取得了赤壁大战的胜利，从而奠定了三分天下的格局，否则赤壁之战的获胜方将是曹操。罗贯中所著的《三国演义》中详细记载了诸葛亮在祭台借东风的情节。

赤壁之战发生在 208 年冬，冬季我国整体盛行西北气流，刮西北风，怎么会有东风呢？其实要想了解风向，我们需要解析风的实质。风就是空气的流动，空气之所以流动，是因为地

赤壁之战

球大气并非均匀分布，而是存在低压区和高压区。空气通常会从高压区流向低压区，从而形成风。

地球表面存在大范围的气压带，这些气压带在不同季节所处位置不同，从而决定了一个地区在某个季节的主风向。冬季，我国大部分地区受到盘踞在西伯利亚和蒙古国高压区的影响，盛行西北风。夏季受到南方副热带高压的影响，则盛行东南风。

但是季节性的主风向也会被打破，在局部地区，由于受到地表地形、地表物质的影响，会形成与季节性主风向不同的区域风。赤壁大战时起的东风就是这种类型的区域风。

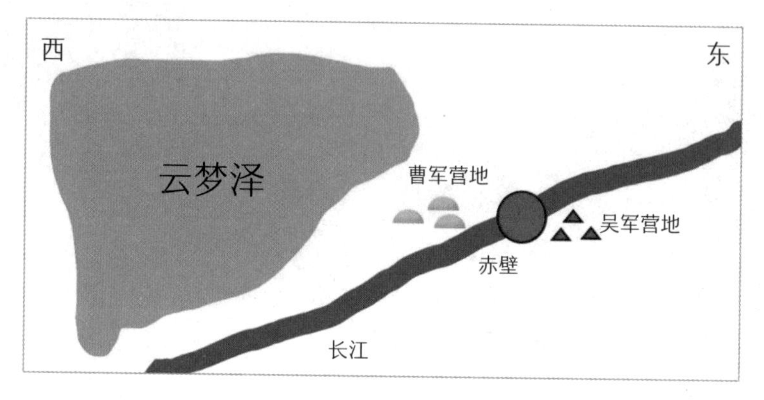

赤壁之战时的古战场附近地貌图

地理学家通过解析史料发现，赤壁古战场的西侧有一大片水域称为云梦泽。云梦泽的存在会形成湖陆风，而湖陆风就是东风的成因。

湖陆风和海陆风一样，是由于水面与陆地表在一天中不同时间段的气压不同，导致白天风从湖刮向陆地，而在夜晚时则从陆地吹向湖。造成这种现象的原因是陆地岩石和水的比热不同。

知识小贴士：比热

比热是单位质量的某种物质温度升高1℃时吸收的热量。水的比热大于岩石，因此同样单位面积的水域和陆地岩石白天接收相同热量的太阳辐射，水面升温慢，陆地升温快。相反，在夜晚，陆地降温快，水面降温慢。

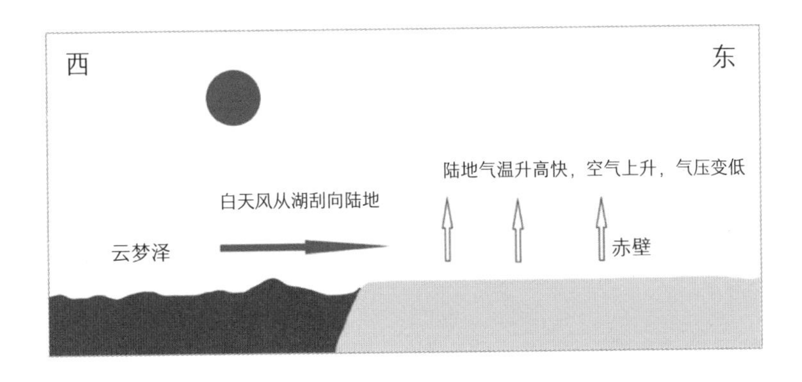

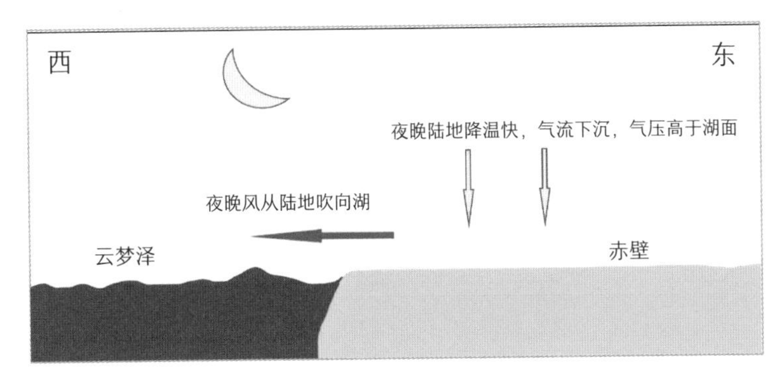

湖陆风的成因示意图

白天位于云梦泽东部的赤壁地区陆地气温迅速上升，使得空气上升，气压变低。云梦泽气温上升速度慢、气压相对高。故白天的风是由西侧的云梦泽吹向东侧的陆地，即西风。

但是夜晚的情况刚好相反，由于陆地降温速度快于湖面，空气下沉，造成陆地气压高于湖面，因此夜晚的风由东侧的陆地吹向西侧的云梦泽，形成东风。

当然，对赤壁大战产生深远影响的东风是不是湖陆风还需要进一步考证，但不可否认的是，任何人都没有呼风唤雨的能力。

此外，即便在赤壁大战时形成了湖陆风（东风），但是湖陆风的风力是否足以帮助吴军用20条火船去攻击曹军也存在疑问。因为决定风力大小的因素是气压差。云梦泽在夜晚时的气压会比陆地低多少，这是需要进一步探索的。

延伸阅读 季风

季风，顾名思义，就是季节性的风，它的形成是由于大陆和海洋在一年之中增热和冷却程度不同，造成大陆和海洋之间大范围的风向随季节有规律改变。对于我国而言，冬季时陆地（西侧）比海洋（东侧）冷，气压高，因此主要风从陆地刮向海洋；夏季的情况刚好相反。由此可以看出，季风形成的原理和海陆风、湖陆风的原理类似。

季风在我国东部地区形成的气候就是季风气候，季风气候的特点就是冬季寒冷干燥，夏季炎热湿润。由于夏季东南季风为我国带来海洋的水汽，因此，我国大部分地区一年中的降水主要集中在夏季。

风的搬运和沉积作用

为何说“飞沙走石”是大自然在过筛子？

想一想：

你知道“飞沙走石”这个成语的出处吗？

大自然为何有飞沙走石的情景？

飞沙走石的效果是怎样的？

风沙

说起“飞沙走石”这个成语，相信很多人头脑中浮现的场景就是沙漠中的沙尘暴。飞沙走石，就是沙土飞扬、石块滚动，形容风势迅猛。这个成语出自《三国志》，说的是东吴的御史陆胤在苍梧、南海当地方官时，治理那里的沙尘暴有功，后来被举荐当了高官。其实，仔细研究这个成语，我们就会发现它描述了一种自然现象。

飞沙走石，从地质过程看，是空气对于颗粒物的搬运作用。沙和土是粒径较小的颗粒物，而石是粒径较大的颗粒物。从搬运的方式看，所谓“飞沙”，就是小颗粒物以悬浮的方式在空气中运移；所谓“走石”，就是大颗粒物在地面上滚动、跳跃地搬运。要想移动这些颗粒物，就需要风力足够大，因为地面上的颗粒物与地面之间存在摩擦力，相互之间还有电荷吸引力，只有克服这些阻碍运动的力，沙子和石头才能被搬运走。颗粒物在被运移的过程中，还会受到重力和空气摩擦力的影响。

当风力减小时，这些颗粒物就会逐渐沉积下来，大颗粒物先沉积，而细小的颗粒物后沉积，这样就形成了分选。在地质学上称为“沉积分异作用”。沉积分异作用在我国西北地区尤为明显，当西风搬运沉积物时，较大的砂级颗粒物就在塔里木盆地一带沉积，塑造了我国最大的沙漠——塔克拉玛干沙漠；较小的粉砂和黏土级沉积物则继续向东，在我国的陕西省和山西省一带集中沉积，形成了黄土高原。

值得一提的是，飞沙走石这种搬运方式在河流中也能看到，即河道中较细的颗粒（黏土、砂）在水中以悬浮的方式前进，而较大的砾石则在河流底部以滚动和跳跃的方式前进。河流的搬运也会产生沉积分异现象，最为典型的就是河道中央主流线位置，因为流速快，搬运能力强，一般只有大块的鹅卵石在此沉积，细小的泥沙是无法在此沉积的；而在河道边缘，由于流速慢，搬运能力弱，泥沙一般在此沉积。

由此可见，自然也是能量巨大的搬运工，更是天然的筛子，它能让沉积物按照颗粒大小“物以类聚”。

延伸阅读 飞沙走石的侵蚀力很强

飞沙走石的破坏力是很强的，从地质角度看，被空气搬运的颗粒物具有很强的侵蚀力。

这种侵蚀力首先体现在撞击力上。如果在沙尘暴天气出门，我们会感到风沙打在脸上非常疼，这足以说明其撞击力很强。在沙漠地区，一些岩层在风沙的冲击下形成上大下小的风蚀蘑菇。之所以上大下小，是因为近地面颗粒物浓度高，撞击力更强，侵蚀作用更明显。此外，风挟带颗粒物还会形成旋涡，像打钻一样进行旋蚀，结果就会在岩层上留下一个个很圆的孔洞、在地面上留下一个个圆形的小坑。

在岩层集中出露区，风蚀作用还会塑造出像一座座城堡一样的特别造型，当风吹过这些“城堡”时会发出恐怖的声音，这种地貌被戏称为“魔鬼城”，而地质学上则称为雅丹地貌。

敦煌雅丹地貌

降雨类型

《骆驼祥子》中祥子为何在一日内经历烈日和暴雨的转换?

想一想:

你读过老舍的《骆驼祥子》吗?

《骆驼祥子》“在烈日和暴雨下”一章写到上午烈日当头，午后却暴雨倾盆，你知道天气为什么会发生这样的变化吗?

降水类型的不同在持续时间和降水量上有何不同?

老舍的《骆驼祥子》通过叙述旧社会一个人力车夫的生活，真实而深刻地披露了在军阀混战时期劳动人民的悲惨境遇。其中“在烈日和暴雨下”一章写了主人公祥子在同一天经历烈日暴晒和暴雨洗礼的经历，令人印象深刻。

文章开头就写到“太阳刚刚升起，地面就像被火焰覆盖，空气中充满了窒息的感觉。没有一丝风，使得人们感到呼吸困难。祥子在院子里观察到这种恐怖的热浪”。然而当祥子出门去拉车挣钱，天气说变就变。文中描述到“一阵风过去，天暗起来，灰尘全飞到半空。尘土落下一些，北面的天边出现了墨似的乌云……云还没铺满天，地上已经很黑，极亮、极热的晴午忽然变成了黑夜似的……北边远处一个红闪，像把黑云掀开一块，露出一大片血似的。又一个闪，正在头上，白亮亮的雨点紧跟着落下来，极硬的，砸起许多尘土，土里微带着雨气。几个大雨点砸在祥子的背上，他哆嗦了两下”。

为何上午还烈日当头，到了午后便乌云密布、暴雨倾盆了呢？这要从夏季的降水特点讲起。夏季常见的降水类型是对流雨，当地面被太阳辐射加热，近地面的空气也会一并被加热，受热的空气由于密度降低、体积膨胀而上升。因为夏季空气中水蒸气较多，使得天气异常闷热，水蒸气上升到一定高度后便凝结成小水滴，这些水滴开始下降时又会被更强烈的上升气流再度裹挟到高空，如此反复不断，水滴慢慢聚集变大，直到空气再也无力支撑其重量，最后下降成雨。由于空气的垂直运动剧烈，造成了快速成云致雨，云中大量的电荷聚积后会在云层间及云层和地面之间发生放电。伴随着雷电，狂风暴雨席卷大地，但是来得急、去得快，影响范围较小。

《骆驼祥子》中的“在烈日和暴雨下”一章，对天气的描写形象生动，男主人公的这段经历是他生活的一个缩影。我们在叹息那个年代以祥子为代表的劳动人民生活艰辛的同时，也应当了解夏季天气多变及其原因，以便在夏季到来时做好防范。

积雨云

延伸阅读 两首描写下雨的古诗描写了两种不同的降雨类型

根据降雨的成因可以将其分为对流雨、锋面雨、地形雨和气旋雨。其中，对流雨和锋面雨是最为常见的。

对流雨一般发生于夏季午后，其特点是来得急、去得快，短时降雨量很大，这是由地面热空气迅速上升成云而致雨。苏轼的《六月二十七日望湖楼醉书》中描绘的“黑云翻墨未遮山，白雨跳珠乱入船。卷地风来忽吹散，望湖楼下水如天”写的就是对流雨，这和祥子经历的暴雨是一样的。

锋面雨则是在冷暖气团的交界面产生的降水，特点是降水时间长、雨量平缓，给人细雨蒙蒙的感觉。锋面雨多发生在春季和秋季。杜甫的《春夜喜雨》中描绘的“好雨知时节，当春乃发生。随风潜入夜，润物细无声”就是典型的锋面雨。

边塞气候

为何很多边塞诗都有对雪景和沙尘天气的描述？

想一想：

你会背诵几首边塞诗？

为何很多边塞诗都与雪景和沙尘天气联系在一起？

能否从气候特征的角度解析边塞诗中关于环境的描述？

古代流传下来的无数诗词歌赋中，有很多是以边塞为题材的。诗中往往通过边塞恶劣的环境和气候描写来烘托守护疆土将士的辛苦。其中很多诗作都有雪景和沙尘天气的描述。

以岑参的《白雪歌送武判官归京》为例，“北风卷地白草折，胡天八月即飞雪。忽如一夜春风来，千树万树梨花开”“纷纷暮雪下辕门，风掣红旗冻不翻”等诗句描绘了边塞雪景寒冷的气候。当中原大地还是一片金秋景象时，塞外的西域地区已经是隆冬时节的景象了。遥想当年诗人岑参在茫茫白雪中送别友人的场景，不舍之情油然而生。为什么同是农历八月，我国的中原地区还是绵绵秋雨，而边塞地区会降雪呢？这要从形成降雪的条件说起。

我国西部边塞地区地势海拔高，气温比同纬度的平原地区普遍偏低，再加上地处内陆地区，气候类型属于温带大陆性气候，气温的日波动幅度及年波动幅度都很大，因此在一年中很长一段时间，甚至是一天中的相当长一段时间内，都处于低温状态，正如岑参描写的“瀚海阑干百丈冰，愁云惨淡万里凝”。当温度降至冰点，加之空气中一些微粒（也就是凝结核）的凝结作用，水汽会凝结成冰晶，最终以雪的形式降落地表。在生活条件相对艰苦的古代，降雪给严冬增加了一份寒冷，一方面是白色的雪增加了地面反射太阳辐射量，另一方面是降雪融化时吸收了热量，起到了降温作用。

除了降雪外，黄沙漫天也是很多边塞诗中描写的环境特征。黄沙不仅烘托了环境的荒凉，也是边塞地区环境的真实写照。这种环境的成因仍然要从其所在的温带大陆性气候说起。我国西北内陆地区由于青藏高原等的阻挡，暖湿空气很难深入进来，年降水量很少，地表植被有限，荒漠化程度高。加上冬春季控制西北地区的蒙古高压带来寒冷的西北风，风会吹起地面的砂石，经常出现沙尘天气，因此就有了唐代李颀《古从军行》中那句著名的“行人刁斗风沙暗，公主琵琶幽怨多”及王昌龄的那句“大漠风尘日色昏，红旗半卷出辕门”。

虽然边塞地区气候恶劣，自古以来守在边塞的将士生活十分艰苦，但是这也促使很多边塞诗人写下了流传千古的诗句。

延伸阅读 我国主要的气候类型

所谓气候，是一个地区多年气象特征的综合。其中，气温和降水量的变化特征是判定一个地区气候特征的重要依据。我国幅员辽阔，气候类型多样，如云南局部地区为热带雨林气候，青藏高原区有独特的高原气候。而我国主要气候类型为季风气候和温带大陆性气候。季风气候区分布在我国东部地区，可分为温带季风气候和亚热带季风气候，其气候的最主要特征是气温年波动性大，冬季寒冷、夏季炎热，全年大部分降水集中在一年的汛期（夏秋季）。温带大陆性气候区位于我国西北地区，其特征是年降水量小，全年气温波动幅度大。

雪线位置

杜甫窗外的西岭为何能覆盖千秋雪?

想一想:

"诗圣"杜甫《绝句》创作的时代背景是怎样的?

杜甫窗外的西岭在什么地方?

西岭山上的雪难道真的不融化吗?

"两个黄鹂鸣翠柳，一行白鹭上青天。窗含西岭千秋雪，门泊东吴万里船。"这首脍炙人口的《绝句》是唐朝"诗圣"杜甫所作。当时刚刚结束安史之乱，杜甫回到他位于成都的草堂，望着窗外的春景心情舒畅，借物抒情写下此诗。

虽然窗外的动植物表明当时春意盎然，但是西岭山上的皑皑白雪却依然给人隆冬的感觉。诗中用词"千秋雪"表明山上的雪是多年覆盖。那么，为什么山下四季轮回，而西岭上却覆盖着"千秋雪"呢?

我们的经验就是越往高处走越冷。根据测定，其递减规律是海拔每上升 1000 米，气温将下降 6℃。那么，5000 米的海

雪山——山顶超过雪线，因此有终年积雪覆盖

拔，比同一纬度的海平面温度低 30℃。换句话说，如果山脉海拔超出 5000 米，即便山脚处是海拔很低的平原，处于炎炎夏日之中，由于气温随着海拔的上升垂直递减，山顶也会保持隆冬的状态。因此，山顶可能就会有多年的积雪。这些积雪并不是一点都不融化，而是由于温度低其融化量小于或等于降雪量。科学家将年降雪量等于融化量的海拔定为雪线，在雪线以上融化量小于年降雪量，因此终年被积雪覆盖。雪线以下则因为融化量大于年降雪量，不会永久被积雪覆盖。目前，全球平均雪线高度大约在 5200 米，但是不同地点因为纬度和降雪量的不同而有所差异。

杜甫窗外的西岭雪山位于成都市郊的大邑县境内，山顶的海拔是 5364 米，高于当地雪线。这正是西岭雪山能覆盖“千秋雪”的根本原因。除了西岭雪山外，我国西部很多青藏高原区的山峰上都有终年积雪，其根本原因就是其海拔超出了当地的雪线。

值得警醒的是，由于人类活动导致气候变化，如大气环流变化影响降雪量，以及全球大幅度变暖都会使雪线不断抬高，如果任由这种趋势发展下去，很快“窗含西岭千秋雪”的美景将只能停留在杜甫的诗句中，在现实中不能得见。

延伸阅读 赤道附近也有，我国夏季最热的地方却在北方

气温随着海拔升高而垂直递减直接导致“一山有四季，十里不同天”。在我们的印象中，降雪是我国北方地区的专属，南方是难得看到雪的。按照秦岭—淮河为界划分我国南北方，西岭雪山所在的四川地区属于南方，在夏季最热的时候，四川局部地区温度可达40℃，但是高山仍然被雪覆盖。此外，赤道一带也有终年积雪覆盖的地方，如非洲的乞力马扎罗山，其山顶海拔5895米，也超过了雪线。

与上面例子形成鲜明对比的是，我国夏季最热的地方是新疆准噶尔盆地，最高温度可接近50℃，然而却位于我国北方，并且纬度较高。其夏季炎热的根本原因就是海拔很低，有些地点低于海平面。

因此，决定一个地区冷热的除了纬度外，其海拔也是一个重要因素。

地球气候的变化

《冰河世纪》中的寒冷气候还会再现吗？

想一想：

你看过动画电影《冰川时代》吗？

为何地球会进入冰期？

《冰川时代》中的寒冷气候还会再现吗？

寒风凛冽、天凝地闭，在茫茫白雪中猛犸象曼尼、剑齿虎迭戈及地懒希德为了营救一个人类的幼儿开展了一次次冒险。这是动画电影《冰川时代》的故事情节。电影的时代背景并非虚构，而是真实存在过的，这就是被地质学家称为第四纪冰期的地球历史时期。

第四纪是地质历史的最后一个纪，大约从 260 万年前开始，一直延续至今。科学家根据这段时间留下的沉积物发现，这 260 万年间曾经有几段时间极度寒冷，地球的冰川覆盖面积不断扩展，故称为冰期或冰河时代。在冰期之间有相对温暖的一段时间，气温上升，冰川覆盖面积缩减，称为间冰期。

在冰期，地球上相当多的地区都被冰川覆盖。冰川是地表上多年存在并具有沿地面运动状态的天然冰体。冰川的形成是降雪经过压实、重新结晶并再冻结的结果，其形成的一个重要条件就是“冷”。冷的程度就是能使水主要以固态形式存在，也就是常年的平均温度0℃以下。这样的条件今天只有南北两极和海拔5000米以上的高山才满足，但是在冰期，地球上很多地区，包括我国北方全部，甚至江南部分地区都被冰川覆盖，其证据就是冰川移动留下的擦痕及冰川留下的沉积物（地质学上称为“冰碛物”）。

那么，为什么地球曾经如此寒冷呢？科学家们分别从地球内部和外部因素着手来解析冰期的成因。首先，从地球内部因素看，要使地球变冷，一种方法是减少达到地面的太阳辐射量，另一种方法就是使地球保温功能下降。要减少太阳辐射量，可以像拉窗帘一样给地面盖上一层罩子，而火山爆发形成的火山灰恰好可以成为这个“罩子”。1815年，印度尼西亚的坦博拉火山喷发，大量火山

冰川擦痕

灰停留在地球平流层中，对于阳光起到了遮蔽和散射作用，使得1816年成了全球无夏之年。要想使地球保温功能下降，还可以减少温室气体量。如果地球植被过度繁茂，那么大量二氧化碳气体会被植物吸收，而二氧化碳作为重要的温室气体，对地球保温乃至增温有着重要作用。

更多的科学家把研究锁定在地球外部，特别是天文学家经过对太阳的多年观测发现，太阳的光度会周期性变化，从而影响地球气候。同时，地球的轨道形态、自转轴倾斜角度也会发生周期性变化，这都会造成气候的冷暖交替。此外，地外天体的撞击也会造成冰期。大约1.28万年前，一颗彗星与地球邂逅，撞击尘埃导致刚刚结束冰期、正在变暖的地球又突然变冷，持续了1300年，如同遭遇了倒春寒。

目前，我们正处于末次冰期后的间冰期，也有科学家称为“冰后期”。那么冰期还会到来吗？要回答这个问题，我们还要从地球接收太阳辐射及地球自身保温作用来审视。目前有天文学家认为太阳逐步进入活动平静期，光度有所下降，地球接收到的辐射会在21世纪后半段减少，可能迎来一个小冰期。但是更多学者，特别是大气环境监测者通过统计发现，由于人类活动，地球大气中二氧化碳浓度急剧上升，温室效应越来越显著，因此即便太阳光度有所减弱，也不足以抵消二氧化碳增多造成的升温，至少近期地球变暖的趋势是不会改变的。

延伸阅读 地球历史上有过几次冰河时期

虽然我们现在处于第四纪的间冰期，但是从一个更长的时间尺度来说，现在仍然处于大的冰期之中。所谓大冰期，一般持续时间至少几百万年，甚至上千万年。这样的大冰期不仅第四纪有，在地球历史中也发生过。研究发现，在寒武纪到来之前的埃迪卡拉纪（中国称为震旦纪），地球经历了1亿多年的大冰期，地质学家称为“雪球地球时期”。此外，在4.4亿年前的奥陶纪末、3亿年前的石炭纪都存在持续时间很长的冰期。

冰川

第三篇

地球上的水

水是地球的生命之源，地球其实是个名副其实的“水球”，地表有 71% 以上的面积都被水覆盖，海洋、河流、湖泊及地下水是和人类关系密切的水体。其中，河流是众多水体中对地表景观塑造最显著的水体，也是和人类生产、生活关系最密切的水体。很多诗词和成语都描述了河流的特征及其对地貌的塑造作用。

大自然的水处于不断循环之中。“诗仙”李白曾发出“君不见，黄河之水天上来，奔流到海不复回”的感叹，这句诗道出了水循环中的两个环节——降水和地表径流。此外，我们在表达两个人之间撇清关系时，常说“井水不犯河水”。那么，在自然界中，井水和河水是互不相犯的吗?

读完本章内容，你会对地球上的水体有新的认识，同时你还会带着科学理论知识再次审视和理解我们曾经学习过的成语和古诗词，相信你会有更多的发现。

河流的水源

黄河之水真的来自天上吗?

想一想:

除了李白的《将进酒》，你还知道哪些描写黄河的诗呢?

黄河之水到底从何而来呢?

黄河的水为什么呈黄色?

“黄河之水天上来，奔流到海不复回。”这是“诗仙”李白《将进酒》里的诗句，既写出了黄河的气势磅礴、源远流长，

黄河

黄河兰州段

也抒发了诗人豪放洒脱的情感，以及对社会现实的感叹，诗歌和诗人都充满了浪漫主义气息。因此，很多人都认为“黄河之水天上来”是诗人夸张的想象，其实，从科学的角度来讲，这句话形象地描述了黄河水的来源。

黄河的源头在青藏高原的巴颜喀拉山。这里海拔超过4000米，分布着大大小小的高山冰川。春季来临，冰川积雪就开始慢慢融化，顺着山脉汇聚到山脚下的约古宗列盆地，并且顺着地势流向下游。这是黄河水的来源之一，但是黄河发源地的冰川融水远远无法形成如今黄河的巨大体量。

这就要提到黄河水的另一个主要来源——大气降水。地球上的水一般有三种形态：液态、固态和气态。这些水并不是一成不变的，而是在太阳辐射和地球引力的作用下，无时无刻不在运动变化着的。当水温升高到一定温度，水就会变成气态，被风包裹着送向高处；当遇到山川阻挡，冷空气下沉，气态水就会变成雨水或冰雪降落地面。整个地球的水就这样循环往复、周而复始：海水经过蒸发升腾，被大气带往内陆，形成雨水或冰川水，同时受地势影响又形成河水涌向大海。5464 千米长的黄河便是这样不断接收冰川融水和大气降水，呈现出奔流不息的昂扬态势。

因此，从某种意义上说，黄河之水来自“天上”，但是，奔流到海之后还要经过水循环，通过大气降水和冰川融水再次融入黄河之中。

延伸阅读 黄河的水为什么是黄色的？

黄河跨越我国地势三级阶梯，顺着北方山脉呈“几”字形流动。人们把黄河分为上、中、下三个河段，其中，在上游河段黄河主要流经我国地势第一阶梯，这个区域以山区为主，黄河水源主要来自冰川融水，因此河水清澈、泥沙量少。黄河中游段主要流经黄土高原，这个地区土壤疏松、质地细腻，呈黄褐色，而且具有吸附、膨胀、收缩等特性，即使未经雨水冲刷，也常常以团聚的形式存在。这些土壤被雨水和河水冲刷后非常容易沉积而形成泥沙，也容易造成水土流失。因此，黄河上游的水奔腾而下至中游地区时，河道变宽、水量增大，带走了大量的泥沙，黄河也因此从中游段开始变成了黄色。黄河上游地势险峻，人烟稀少，中下游平原土壤肥沃，人类大量聚居，形成城市集群，因此，更多人看到的是黄色的河水。由于泥沙淤积，在黄河入河口处，还可以看到黄色河水与蓝色海水相汇而不相融的壮观景象。

黄河郑州段

水循环

“井水”和“河水”真的互不侵犯吗？

想一想：

打井为什么会有水？井水从哪里来？
你知道“井水不犯河水”这句话的来源吗？
水井中的水和河流里的水真的互不相干吗？

我们常用“井水不犯河水”来比喻各自管理各自的事，互不干涉。其实，这句至理名言的最初来源不是地球上的水，而是天上的星宿。“井”原指二十八星宿中的井宿，也叫作东井。“河”指的就是银河，在东井的东北部和东南部，还有两个名叫北河和南河的星座（对应现在的大犬座和小犬座），它们被古人视为银河的守卫者。古时人们说“井水不犯河水”，指的就是东井、北河、南河三个星空区域互不干扰、和谐共处的天文现象。也就是说，井水不犯河水原本是古人观天象预测祸福的方法。

当然，现在也指井中的水和河水互不连通、互不干扰。从

古井

科学的角度来看，井水和河水真的互不侵犯吗？非也。

什么是井水？井水实际上就是地下水。地下水就是储存在地表以下风化层及岩土孔隙中的水。到达一定深度时，岩土中的所有孔隙都会被地下水填充，地质学家将填充地下水的岩土层称为饱和带。饱和带上界就是地下水位线。那么，我们打井时，打到什么深度才会见到井水呢？一定要打到地下水位线，进入饱和带。

我们不妨做个实验：一个杯子里装满石子，另一个杯子盛满水。把水倒入装石子的杯子中，可以看到底部的石子都沉入水中，就像岩土孔隙被地下水充满的饱和带。水位线就好比地下水位线。如果要打井，井的深度必须达到水位线。即便把井水抽出来，周围的地下水通过岩土孔隙又会补充到井中。所以只要地下水位不下降，井水永远不会干涸。

地下水的来源是什么呢？一方面是大气降水，另一方面是地表水（特别是河水和湖水）的下渗。因此，从这个角度来说，河水是会“侵犯”井水的。

那么，井水会不会“侵犯”河水呢？当然也会。在一些地表低洼地带，其海拔低于地下水的水位线时，地下水会以泉水的形式流出地表，最终汇集到河流或湖泊中。

其实自然界的水体是一个相互连通的整体，不论是大气中的水、冰川中的水，还是地表的河流、湖泊、海洋及地下水都处在不断循环和转换过程中。如果哪一天真的“井水不犯河水”了，那就意味着水循环系统遭到了破坏，这对于地球上的生命来说才是真正的灾难。

延伸阅读 为什么会有自流井？

有些井水不需要人工用辘轳取水，而是可以喷流出地表的，这主要与水井所在位置及打井深度有关系。首先，地下水位面不是一个平面，而是一个曲面；其次，大部分水井的地下含水层的上方和下方都各有一层坚硬的岩层阻挡，这种含水层被称为承压水层。如果打井的地方地势比较低洼，打井时打到了承压水层，地下水就会沿着井上升，甚至喷出井口。就像公园里浇灌用的胶皮管，如果管子上破了洞，一旦灌满水，就会有一股水柱从洞口喷出。自流井形成的原理便与此类似。

河流的地质作用

《浪淘沙》给我们指示了哪里是淘金的好地方？

想一想：

刘禹锡作过多首《浪淘沙》，其中有一首是写淘金女的，你会背诵吗？

这首《浪淘沙》中提到的“澄洲”和“江隈”两个地点是什么地方？

为什么在河流岸边和河心滩中会淘到金子？

“日照澄洲江雾开，淘金女伴满江隈。美人首饰侯王印，尽是沙中浪底来。”这是唐代诗人刘禹锡所作的《浪淘沙·其六》中的一首。诗中描写了淘金女的辛苦，阐述了贵族使用的金银首饰都是劳动人民的汗水换来的。同时，这首诗还在不经意间透露了淘金的理想地点。

诗中的“澄洲”指的是河心滩，而“江隈”是指河流弯道的内侧。那么，为什么这两个地点是淘金的好地方呢？这要从金矿的形成规律及河流的地质作用入手来了解。

河心滩

我们所说的“淘金”，就是开采河流里的沙金，也就是分布于河沙中的自然金颗粒，开采的方式就是淘洗和挑拣，所以也就有了“千淘万漉虽辛苦，吹尽狂沙始到金”的诗句。自然金最初形成于岩石中，往往沿着岩浆作用形成岩脉分布。岩浆冷凝的过程中，不同的矿物结晶析出，就形成了矿脉，这些矿脉受到风化作用的影响，其中含有自然金颗粒的矿石崩塌到河流中，随着流水被运到下游。这些颗粒沉积的地方就是淘金的好地方，而《浪淘沙·其六》中的“澄洲”（河心滩）和“江隈”（河流弯道内侧）就是这样的地点。

河心滩是水流将上游泥沙拦截从而在河流中心沉积，最终沉积物高出水面形成的河心岛。为什么沉积物会在河流中心沉积呢？原来河流并不像一些人想象的那样，流水会沿着河道一直向前流动。在有些弯曲的河段，水流是非常复杂的，可能在底部形成双向螺旋环流，这种双向螺旋环流导致两岸被不断掏蚀，而两岸被淘蚀下来的物质在河心沉积下来，久而久之就成为河心滩。河心滩一旦形成后，对于上游的河水起到部分拦截作用，如同一座大坝。上游的泥沙部分被河心滩拦截而沉积下来，称为“障积”。

河流边滩

河流边滩沉积

河流弯道内侧被称为河流的凸岸，也是泥沙沉积的地方。这是因为河水在弯道侧主流线偏向弯道外侧的河岸，形成单向螺旋环流。这样弯道外侧（河流凹岸）不断被掏蚀，而弯道内侧（河流凸岸，即《浪淘沙》中的“江隈”）则形成泥沙沉积的地点。

所以，当河流上游流经金矿矿脉，在河流下游发生沉积的河心滩及弯道内侧的河滩上就可能找到金矿砂。

延伸阅读 河流的地质作用

河流的侵蚀、搬运和沉积作用是河流的地质作用，在不同的河段起主导的地质作用是不同的。在河流的上游，由于河床坡度大，河水有很高的重力势能，重力势能可以转化为河水的动能和机械能，表现为流水速度快、冲击力强，会对河底和河岸产生强烈侵蚀，并将侵蚀过的物质往下游搬运。

河流一旦出了山区，河道坡度变小，流水的重力势能变小，冲击力也变小，会在出山口沉积形成扇状堆积物，即冲积扇。由于不断有支流汇入，河流的水量变大，依然有很强的搬运和侵蚀能力。到了下游地区，河水搬运和侵蚀能力减小，泥沙就会在河底和河滩沉积下来。

河流改道

《水浒传》中的梁山水泊真的存在吗？

想一想：

《水浒传》中有哪些经典故事情节发生在梁山水泊？

梁山水泊真的存在吗？

梁山水泊如果真的存在过，为何又消失了呢？

施耐庵的《水浒传》以北宋宋江起义为故事背景，塑造了一百单八将反抗宋朝朝廷腐败统治，路见不平拔刀相助的一个个动人故事。这一百单八将的大本营是梁山八百里水泊，根据小说的内容判断其位于今天的山东省南部。水泊梁山真的存在吗？如果真的存在过，为何又消失了呢？

根据地理学考证，梁山确有其山，位于山东省西南部，由虎头峰、雪山峰等七座支脉组成，是褶皱和小穹窿构造山峰。但是梁山下的八百里水泊却不存在。难道这是小说作者为了情节设计而杜撰的湿地吗？查阅历史记载后我们发现，梁山水泊确实存在过。

水泊梁山

牛轭湖——河流改道的结果

唐宋时期，梁山地区属于黄河故道。当黄河发生大的决口后，黄河水在梁山脚下形成湖泊并与古代的巨野泽连成一体，便形成了所谓的“八百里梁山水泊”。《水浒传》中关于梁山水泊的故事有很多，如众虎同心归水泊、宋公明大败高太尉等。但如今梁山水泊已经消失，其消失的原因是黄河改道了。河流的河道会不断变化，随着河流对一侧河岸不断侵蚀，另一侧河岸不断沉积，河流会越来越弯。当两个河湾靠近时，洪水会导致河流发生截弯取直，原来的弯道就被废弃了。此外，构造运动、气候变化也会使得河流改道。原本经过梁山的黄河经过改道后，梁山水泊便失去了水的补给，加之泥沙沉积，就慢慢干涸了。

河流改道

除此之外，我们最为熟悉的一次黄河改道发生在 1494 年，当时黄河一路南下，最后借助淮河的河道入海。这是典型的“侵略”，在地质学上被称为河流劫夺。此外，在 1938 年，黄河又一次发生改道，造成中原地区发生大面积洪灾。目前黄河河道比之前偏北，在山东东营汇入渤海。

河流改道是自然现象，可以造成严重灾害及自然景观的改变。因此，需要根据河道演变规律科学地规划出分洪区，并且通过保护河岸、植树绿化来维持河道的相对稳定性。虽然如今梁山水泊已经不复存在，但是它曾经辉煌过，并且为文学巨著《水浒传》提供了环境素材。相信梁山好汉“路见不平一声吼，该出手时就出手”的英雄故事将代代相传。

延伸阅读 河流为何是弯弯曲曲的？

翻看地图，我们发现每条河流不论长短，都是弯弯曲曲的。刘禹锡的名句“九曲黄河万里沙，浪淘风簸自天涯”写的就是黄河弯道很多。河流弯曲的原因有二：一是地转偏向力的影响。地转偏向力就是由于受到地球自转的影响，北半球运动的物体有向右偏转的趋势，而南半球运动的物体有向左偏转的趋势。因为地转偏向作用，河水主流线偏向河道一侧，使得本侧河岸受到强烈侵蚀，而将沉积物带到对岸。久而久之，河道就由直变弯，并且会越来越弯。二是河流流经区不完全是平坦地区，河流上游往往位于山区，而山脉走向也会对河流走向造成影响。

除了天然河流外，还有人工修建的运河。我们翻看地图也可以发现，人工运河也不是直的，这是因为修建时要考虑地质地貌、人口分布等诸多因素。因此，弯曲是河流的重要特征，世界上几乎不存在直线河流。

影响河流的自然因素

成语“细水长流”和“付诸东流”各反映了河流怎样的特性?

想一想:

成语“细水长流”和“付诸东流”各是什么含义?

为何大多数河流能够常年有水?

“付诸东流”中的“付”和“东”体现了我国河流的什么特点?

成语通常以自然事物作比喻来反映社会特征、人际关系及各种处世之道。当然，这些成语有时也反映了一些自然现象和原理。在浩如烟海的成语中，很多成语与河流有关，如“细水长流”和“付诸东流”，这两个成语就暗含关于河流补给和河流地质作用的知识。

细水长流，告诉我们要节约使用财物，同时我们要作出精细安排和长远打算，才能保证不短缺，也可以比喻爱情和友情天长地久。从自然界的角度来看，细水真能长流吗？自然界的确存在呈线状流动的水体，小到一股支流、一条小溪，大到大

水流湍急的河流

水流缓慢的河流

江大河。有的水体川流不息、日夜流淌，也有的水体只是暂时存在。其决定因素就是水的补给量和损失量是否平衡。降水、冰雪融水和地下水是河水主要的补给来源。很多大江大河之所以能够奔腾咆哮数万年，得益于源源不断的补给。与之相反，有些小溪、小河只有在特定时间才有水，有的溪流的寿命甚至只有几天。这主要是因为这些溪流的水来源于短期强降水，当降水结束，这些“细水”断供，很快就因为蒸发作用和下渗作用而干涸了。所以从自然的角度看，很多细水往往不能长流，能够长流的水体往往是大江大河，其原因是它们虽然不会“截流”，但更能够“开源”。

付诸东流，比喻希望落空、成果丧失、前功尽弃，像随着向东流的河水冲走一样。细品这个成语，我们不禁要问两个问题：为什么是付诸“东流”，而不是“西流”“南流”“北流”呢？难道流水真的这么无情吗？解答第一个问题并不难。我国西高东低的地势决定了我国的大江大河主要流动方向是自西向东的，正如明代文学家杨慎那句气壮山河的名句——“滚滚长江东逝水，浪花淘尽英雄”。对第二个问题的回答，则是一场富含科学密码的辩论。流水之无情，体现在它对地表的侵蚀作用。它能切山而过，形成深深的峡谷；它能强烈侵蚀土壤和基岩，并将侵蚀下的物质搬运走；它还能沿着裂隙侵入地下，强烈地淘蚀岩层和山体，形成溶洞、天坑等地貌。可以说，亿万年光阴形成的地质体，在流水作用下经过千百年就出现了沟壑和缺口，有的甚至灰飞烟灭。

流水还有沉积作用，像我国的三大平原，都是河流挟带的物质沉积作用而成。此外，温润的和田玉籽料、闪闪的砂金矿都与流水作用有关。从这个角度看，曾经被流水侵蚀下的物质，都不会完全付诸东流，也可能在河流的下游变成人类的财富。

延伸阅读 并非所有江河都“东逝水”

我国的地貌特点呈现西高东低的三级阶梯状，因此我国形成了自北向南的辽河、海河、黄河、淮河、长江、钱塘江、珠江七大水系，其他大部分河流最终都注入这七条主干河流中，最后自北向南依次注入渤海、黄海、东海和南海。这些水系中的河流被称为外流河。

但是，在我国西北内陆地区，有些河流会最终注入湖泊中，或者消失在沙漠中，这样的河流被称为内流河。像新疆的塔里木河，依靠冰川融雪补给，其下游在塔克拉玛干沙漠中部分河段并非全年都有水，属于季节河，最终因河流水量越来越小而逐渐消失在沙漠中。

河流的峡谷地貌

“山重水复疑无路，柳暗花明又一村”是常见现象吗?

想一想:

你读过陆游的《游山西村》吗?

为什么在重重群山中会有多个村落分布呢?

山重水复是一种怎样的地貌?

800多年前，当陆游被罢官赋闲在家，徜徉在家乡群山秀水之间，在出路难寻之际，眼前豁然开朗，发现了山间的一座村庄，也发现了自己心中的一片新天地，于是写下了脍炙人口的《游山西村》。

莫笑农家腊酒浑，丰年留客足鸡豚。

山重水复疑无路，柳暗花明又一村。

箫鼓追随春社近，衣冠简朴古风存。

从今若许闲乘月，拄杖无时夜叩门。

其中，“山重水复疑无路，柳暗花明又一村”不仅造就了成语“山重水复”和“柳暗花明”，还颇有哲理。告诉奋斗中的人们在面临困境时要继续坚持，翻过这道坎后，就会打开有利的局面，就会看到希望。山重水复描绘的是哪种地貌？为何在路难寻之际眼前又出现一个新的村庄呢？

河流峡谷——可以看到右侧的两级河流阶地

山重水复，即层峦叠嶂、水流迂回，这是典型的河谷地貌。当地壳运动抬升，河流强烈的下切就容易形成河谷。处于山间的河段在河流侧蚀及断裂构造控制下，往往迂回前进，形成很多急弯险滩，从远处观察，处于河谷两侧的崖壁相互交错，形成层峦叠嶂的景象。山谷里河流的下切作用还会形成多级河流阶地，阶地上布满河流沉积的泥沙，为农业种植提供了丰富土壤。因此，很多的古村落都建在河谷中的河流阶地上，因为这里依山傍水，有稳定水源，又有可耕作的土地，是人类聚居区的理想地点。

此外，很多峡谷由于风景优美，成了世界闻名的自然景观和旅游胜地，最为著名的要数美国科罗拉多大峡谷和我国的雅鲁藏布江大峡谷、长江三峡。

长江三峡

延伸阅读　河流峡谷形态的改变

河流峡谷是河流侵蚀作用的结果，但是随着河流侵蚀作用的改变，峡谷的形态也在不断变化。在峡谷发育早期，河流下蚀作用显著，因此峡谷不断加深，整体形态呈“V”字形。但是，河流不可能永远下切侵蚀，随着河道的变化，河流会转而对峡谷两侧的岩壁进行侵蚀，使得峡谷不断拓宽。如果地球进入冰期，冰川可能覆盖整个河谷，对河谷进一步侵蚀，使得河谷剖面形态由“V”形变为“U”形。

陆游的《游山西村》描绘的峡谷，特点是相对狭窄，随着河道一转弯就看不见路了，说明其处于峡谷发育的早期阶段，河流的下蚀作用明显。随着峡谷的演化，特别是当河流以侧蚀作用为主时，谷底不断拓宽，我们会看到一个宽而平坦的谷地，河流在谷地上变化弯曲，相邻两个或多个河湾是可以直接看到的，“山重水复疑无路”的景观也就渐渐消失了。

悬河泻水

成语“口若悬河”源于哪种自然景观?

想一想:

你知道“口若悬河”这个成语的含义吗?

自然界的“悬河”是什么?

为何会产生“悬河”?

“口若悬河”“悬河泻水”两个成语都是形容口才的，意思是说话滔滔不绝，像悬起来的河流不断向下倾泻一样。晋代玄学家郭象能言善辩，就被当朝太尉用“悬河”称赞过。那么，自然界有没有悬河呢?

自然界中的“悬河”有三种：第一种是河床因为存在陡坎或者流经陡崖，导致上游河床悬在半空，而河水跌落陡坎形成瀑布；第二种是由于自然灾害堵塞河道后形成堰塞湖，当堰塞湖溃堤后形成跌水瀑布；第三种就是有些河流由于泥沙含量巨大形成地上河。

九寨沟瀑布

第一种“悬河”是普遍现象。主要是因为河流流经不同岩性的岩层时，松软岩层被侵蚀的速度要快于坚硬的岩层，于是在软硬岩层的交会处形成了陡坎，河流的上游河段就成了悬河。此外，由于地震导致岩层断裂，河流流经的岩层形成垂直于河流流向的陡崖，此时会突然形成一个瀑布。还有一些河流流经的山谷本身就是悬谷，河流流经悬谷也会形成瀑布。

悬河泻水还有另外两种情况。一些河流由于含沙量大，大量的泥沙在下游河段快速沉积，导致河床不断抬高并高出地面，使其成为一条地上悬河，就像现在黄河下游的部分河段。

在洪水期，当河堤被冲毁，汹涌的河水会一泻千里。此外，地震、滑坡等自然灾害能阻塞河道，形成堰塞湖并抬高上游河床水面，堰塞湖决堤后，河水也会咆哮地快速向下游奔去。

总之，自然界中的“悬河泻水”现象，既可以造就壮丽的自然景观，也可能带来巨大的灾难。说话也是如此，口若悬河既可能是长处，也可能是短处。如果罔顾事实、信口雌黄、出口伤人，再好的口才也会像溃决的悬河一样带来灾祸。因此，在说话时，我们既要敢于表达自己的观点、不卑不亢，又要善于表达、词能达意、句句在理，而做到这一切的基础就是需要积累丰富的知识和认真思考。

尼亚加拉瀑布

延伸阅读 悬谷的形成

山谷像河流一样是有分支的，有主山谷和分支山谷之分，主山谷长而宽，分支山谷则短而浅。在正常情况下，分支山谷与主山谷交会处处于同一高度，不会出现陡崖。那些经历冰川作用的山谷则会出现不同情况，即分支山谷与主山谷会合处形成陡崖，分支山谷好像悬空了一样，称为悬谷。悬谷的形成就是由于冰川不断流入主山谷，对主山谷强烈的侵蚀使其不断加宽加深，而分支山谷的侵蚀远远没有主山谷强烈，正是这种侵蚀作用的差异形成了悬谷。

当气候转暖，分支山谷（悬谷）也会发展成河流，当河流流入主山谷，就会在悬谷尽头陡崖处形成瀑布，形成悬河泻水的景观。

泉水

《三国演义》中诸葛亮南征遇到的“哑泉”中含有什么物质?

想一想:

何为泉水?泉水为何会从石头中冒出来?

泉水为何不能直接饮用?

《三国演义》中诸葛亮南征遇到的“哑泉”是怎么回事?

《三国演义》中有这样一个情节令人记忆深刻:为了征服孟获,诸葛亮率兵深入云南地区,“行军路上遇到一泉,人和马都很渴,争相饮用。之后,所有人都变哑,说不出话来”。而当大军后来饮用了安乐泉水后,又能说出话了。这样的情节本身就很离奇,再结合《三国演义》中类似“草船借箭”“借东风”等充满民间传说色彩的故事,似乎更不可信。那么,真实的情况如何呢?

我们所说的“泉水”,其实是流出地表的地下水。地下水会在地下含水层发生运移,当含水层与地面或者崖壁截交时,就会在截交点流出来。地下水在地下运移时，岩层中一些可溶性盐类和矿物质会溶解于水中，这些溶解物很可能有毒性；导致人饮用后出现一些不适的生理反应。

根据我国地质和水文学家的考证，当年诸葛亮大军所饮用的“哑泉”位于云南昭通地区。根据对当地一些泉水化验的结果，科学家发现水中含有大量碳酸盐，以碳酸钙和碳酸镁为主。碳酸镁如果达到一定浓度，会使人的声带和食道出现脱水现象，从而会暂时发不出声音，哑泉的秘密就在于此。此外，科学家发现，有些泉水中还含有可溶性碱类，可与碳酸镁发生反应，起到解毒的效果。《三国演义》中使喝了哑泉的蜀军恢复说话的安乐泉正是这样的泉。

不仅是哑泉，自然界中的很多泉水如果不经过处理都是不能直接饮用的，有些泉水中含有溶解的重金属离子，有的含有大量的钙镁离子，还有的菌群数严重超标，这些都会对健康造成直接危害。所以，在野外不能随意喝山泉水，需要先对水质进行测试，确定其达到饮用标准才能喝。

延伸阅读　为何泉水会出现温度差异？

自然界中各种泉水的化学成分存在巨大差异，有的可以饮用，有的具有保健功能，有的会危害健康……泉水的温度也是千差万别，有冷泉、温泉和热泉之分。

造成温度出现差异的原因与水在地下的循环深度有密切关系。我们知道，从地表往下深度越大、温度越高，而部分地区的地下会有岩浆活动，因此那些循环深度大，或者循环路径上有岩浆活动的地下水，由于被加热，流出地表后水温相对高，便形成了温泉和热泉。相反，循环深度小，没有流经岩浆活动区的地下水，流出地表后水温相对低，被称为冷泉。

泡温泉之所以有疗养保健的作用，是因为温泉循环路径更深，而且因为水温高能溶解岩石中的更多矿物质，这些矿物质以离子形式存在于水中，会通过皮肤对人体产生有益的作用。

海波作用

杨万里的《海岸七里沙二首》反映了波浪怎样塑造海岸地貌?

想一想:

你读过杨万里所作的《海岸七里沙二首》吗?

诗中描绘的海浪为何有巨大的能量?

海浪如何塑造海岸地貌?

海岸七里沙二首

其一

大风吹起翠瑶山，近岸还成白雪团。

一浪挽先千浪怒，打崖裂石与君看。

其二

行人莫近岸边行，便恐波头打倒人。

若道岸高波不到，玉沙犹湿万痕新。

当宋代诗人杨万里站在海边，看着惊涛骇浪拍击基岩海岸，对巨大的自然力叹为观止，感慨人的力量在自然界面前渺小。正如这两首气势磅礴的诗作所描写的，波浪的能量是巨大

基岩海岸

的，能够塑造各种各样的海洋地貌。

波浪为何有如此巨大的能量呢？这与海底地形有很大关系。当波浪通过逐渐变浅的海底接近岸边时，其运动就会发生变化。波高增大，波峰变窄，波长减小，向前的速度减小。在更浅的水中，波浪变得更陡，前进的波速减慢，直到波峰处的水向陆地移动的速度比波浪本身更快。此时，波浪发生破碎，波峰中的水向下坍塌并向海滩流去。在大多数情况下，波浪会分解成声响巨大、泛起泡沫的水团并涌向海滩。如果海岸是陡峭的岩壁，那么波浪因不能充分减速而破碎，所以波浪的全部能量转化为其撞击岩石时发出的震耳欲聋的声音。

波浪对于海岸有着强烈的侵蚀作用，这在海岸线凸出的地方尤为明显。波浪会将大块被裂隙切割的岩石拔出，使得这些岩石崩落到崖壁底部。侵蚀作用在崖壁底部更为明显，会让崖壁形成不稳定的挑檐，最终导致其崩塌。《海岸七里沙·其一》中描绘的“一浪挽先千浪怒，打崖裂石与君看”正体现了这一点。除了拍击外，海水还会形成旋涡，对基岩旋蚀——海水中溶解的化学离子会溶蚀岩石。这种侵蚀作用塑造了海蚀地貌。在一些基岩海岸带，我们经常会看到海蚀拱门、海蚀柱、波切平台、海蚀崖等地貌。一些由花岗岩构成的海岸在巨大的侵蚀作用下，会形成各种形态的造型石，如厦门鼓浪屿的鼓浪石、日光岩，海南三亚的天涯石、海角石。

沙滩海岸

波浪不仅具有侵蚀作用，还有搬运和沉积作用。沙滩就是波浪沉积作用的结果。沙滩的沙来源于河流挟带到海洋中的沉积物及海底和海岸被波浪侵蚀下来的沉积物，这些沉积物被波浪搬运，最终会在海湾处沉积下来，形成沙滩。

延伸阅读 波能可以被人类利用

海浪这种巨大的能量令古人敬畏。随着科技的发展，人们能将海浪巨大的动能转化为电能，从而不断优化我们的能源结构。

波浪发电，即将波浪能转换为电能的技术。这种转换一般分为3步：第一步是将波浪能收集起来，通常采用聚波和

从岩壁上涌出的泉水

共振的方法；第二步为中间转换，即能量的传递和转化成可利用的机械能，这一过程包括机械传动、低压水力传动、高压液压传动、气动传动等；第三步就是将由波能转换成的机械能通过发电机转换为电能。我国沿海地区波能丰富，1990年在广东珠江口安装的波浪发电机已成功发电，如今开发波能已经成为新能源开发的一个重要方向。

第四篇

矿物与岩石

构成固体地球的物质是什么呢？从化学的角度来说，就是原子和分子；从地学的角度来说，就是矿物和岩石。矿物是天然形成的由一种或多种化学元素构成的晶体，岩石则是矿物的集合体。目前已经发现的矿物有6000多种，而岩石的种类则无法统计，但可以按照成因划分成三大类。

其实，在我们的成语、古诗词、俗语中都有对矿物和岩石的描写，我们的日常生活也离不开矿物和岩石。例如，“信口雌黄”这个成语是怎么来的？是金子真能发光吗？能够攻玉的他山之石是什么矿物？人民英雄纪念碑的碑心是用什么岩石做的？从岩石形成的角度来看，故宫的汉白玉石雕有多少岁了？这些问题你会从本章中获得答案。

矿物的光学特性

是金子真能发光吗？

想一想：

黄金为何有鲜亮的外表？

如果把黄金放在暗室中它还会那样金光夺目吗？

有没有真的能自身发光的矿物呢？

“是金子总会发光”，这是激励了无数人努力奋进的至理名言。它告诫人们要努力学习，提高自身的能力，真正的人才不会被埋没，总会有用武之地。然而，当我们从科学的视角再次审视这句名言，就会对它产生怀疑。当夜幕降临时，黄金便不再光彩夺目，而是和其他物品一样隐没在黑暗之中，可见金子是不会发光的。那它

自然金

为何会有金灿灿的外表呢?

我们知道，除了金以外，银、铜等也有光亮的外表，特别是在阳光或人工光源照射下，它们更是熠熠生辉。为什么呢?主要是因为投射到它们表面的光很多被反射回来了，因此，与其说“是金子总会发光”，不如说“是金子总会反光”。

金矿脉——只有在矿灯下才能看到岩石脉中的黄金晶体

金子是人们从含金元素的矿物中提炼而来的，其中最为重要的矿物是自然金。矿物是天然形成的单质或化合物晶体。人们通过对各种矿物的观察、实验总结出了矿物的很多特性，其中有一种性质就是反射光的能力，被称为“光泽度”。金属类矿物的反光能力是最强的，而衡量反光能力强弱的指标被称为反射率。金属类矿物的反射率普遍在 25% 以上，这就意味着如果有100份光投射到金属类矿物上，有至少25份会被反射回来，从而使得金属显得非常光亮。根据不同矿物反射率，科学家选取了一些常见事物作为参照，除了金属外，还有玻璃、珍珠、丝绢、蜡、土壤等，并用这些事物命名了不同光泽。反射率最强的，被称为金属光泽。根据测定，自然金的反射率最高，可以达到95%，用矿物学术语来说就是具有“强烈的金属光泽”。

一些矿物在紫外灯照射下可以发光

有没有会发光的矿物呢？的确有，但是它们发光是有前提条件的——它们要被“照射”。照射的电磁波不仅包括可见光，还有可见光以外的紫外线、X射线等。有的矿物在被“照射”时会发出可见光，但是“照射”停止后就不再发光了，这被称为荧光。还有的矿物在停止“照射”后的一段时间内会发出可见光，这被称为磷光。最为常见的可以发光的矿物是萤石，它是制作夜明珠的重要材料。此外，磷灰石、硅锌矿、金刚石等都具有发光性。

萤石是制作夜明珠的重要材料

延伸阅读 卤磷酸钙荧光粉

验钞时不仅可以看水印，还可以在紫外线灯下检验含有纸币面值数字的荧光粉。那么，为什么紫外线灯一照，用荧光粉印制的“100”字样会显现呢？这就是利用了矿物的发光性原理。

磷灰石

荧光粉主要是一种叫卤磷酸钙的物质，是从矿物磷灰石中提取的。磷灰石在紫外线灯的照射下会发光。磷灰石是提取磷的重要矿物，此外还可以用于地质研究，如科学家通过磷灰石裂变径迹来测量古地温。

雌黄

“信口雌黄”这个成语是怎么来的？

想一想：

你知道“信口雌黄”这个成语是什么意思吗？

雌黄是一种什么样的矿物？

为什么它能成为为数不多的组成成语的矿物？

“信口雌黄”是一个来源于历史故事的成语，相关典故最早见于晋代孙盛的《晋阳秋》，讲述的是西晋一个姓王的读书人，他虽然有才，但是经常夸夸其谈，干事不脚踏实地。有时他的言论前后矛盾、漏洞百出，但是凭借着三寸不烂之舌，他总是会巧妙地改口遮掩过去。“信口雌黄”这个成语最早就是形容他的，其意思就是不顾事实，随口乱说，随便改口。雌黄是一种矿物，主要成分是三硫化二砷，颜色为典型的黄色。它和人们的言行又有何关联呢？这要从它在古代的一种用途说起。

雌黄晶体

古人一般在泛黄的纸上写字，万一写错了怎么办呢？或许你认为可以划掉或者贴一小块纸打个补丁。其实在古代一旦写错字可以用雌黄擦去，宋代政治家、科学家沈括的《梦溪笔谈》中就有“馆阁新书净本有误书处，以雌黄涂之”的记载。因此，雌黄就是古人用的“涂改液”。写错字可以用雌黄擦去，就像说错话可以随便改口一样，因此，这种矿物名字就不幸地被用到了“信口雌黄”这个充满贬义色彩的成语中。

除了作为“涂改液”外，雌黄还有多种用途。它的粉末呈现鲜亮的黄色，因此是常用的矿物颜料。在敦煌莫高窟的壁画上就有它留下的痕迹，如飞天女衣裙上的黄色。此外，河南安阳殷墟西区发掘的木棺彩绘上也有雌黄，秦俑彩绘中也使用了雌黄。雌黄还是一种中药，具有杀虫、解毒、消肿等疗效，《神农本草经》里面将雌黄列为中品，其他古代医药书籍也有雌黄入药的记载。在现代，雌黄被主要用于制造砷以及砷的化合物，砷是一种在半导体产业和制革工业中有着重要用途的类金属。

雌黄一般形成于热液矿床或者火山口附近，经常和雄黄共生，因此被人类戏称为一对“鸳鸯矿物”。我国雌黄的主要产地有湖南省慈利县和云南省南华县等。

延伸阅读 雌黄有毒性

虽然雌黄曾经被用作“涂改液”，还是一味中药材，但是现代医疗领域已很少使用，《中华人民共和国药典》已经将其除名。此外，作为绘画颜料，在19世纪雌黄便逐渐被镉黄和其他颜料取代，最主要的原因就是它具有毒性。

雌黄是一种含砷的化合物，如果人长期接触或者过量摄入它，就会出现砷中毒，后果和吃砒霜类似（砒霜是砷的氧化物，而雌黄是砷的硫化物，雌黄被加热后可能氧化成砒霜）。砷中毒有慢性和急性两种，急性砷中毒多出现腹痛、恶心、呕吐、腹泻、头晕、头痛、呼吸困难等症状。慢性砷中毒则表现为周围性神经炎、结膜炎、口腔炎等，也可能并发肾功能衰竭、中毒性肝炎等。

锆石

莫泊桑小说《项链》中的假项链是什么材质做的？

想一想：

莫泊桑的小说《项链》极具讽刺性，你知道在19世纪欧洲的贵族妇女都戴什么材质的首饰吗？

《项链》中提到的钻石项链价值36000英镑，而让人真假难分的假项链才值500英镑。那么，什么材质可能被用来冒充钻石呢？

现在珠宝市场也有很多赝品，我们该如何鉴定宝石真假？

法国作家莫泊桑创作的短篇小说《项链》，激起了一代代人的情感共鸣。女主人公为了参加宴会，向朋友借了一条“价值连城”的钻石项链，项链的意外丢失导致她和丈夫背上巨额债务，并为此付出10年的辛劳去还债。令人万万没想到的是，丢失的这条项链是个赝品。100多年来，无数读者对这篇经典小说发出了无尽的感慨，有人讽刺女主人公的贪婪和虚荣，也有人讽刺项链主人的虚伪和欺骗，更多的人则感慨命运的无常。从借来项链的欣喜到丢失项链的焦急，从十年奋斗还债的艰辛到知道项链是假货的心惊，人生百态都浓缩在女主人公的经历中。

小说《项链》插画

细心的读者会发现一个细节，女主人公借项链时，根本没有识别出这是一条山寨版的钻石项链，说明其可以以假乱真。那么，这条项链到底是什么材料做的？为什么和真的钻石项链几乎无法分辨呢？

其实，可以冒充钻石的宝石有很多，小说创作的年代是19世纪后期，锆石是当时最常见的假钻石。锆石也是一种宝石，具有一定的价值，还被人们称为“十二月的生辰石”。锆石经过切割后，在光的折射和反射下可以像钻石一样璀璨夺目，同时锆石在矿物中也算硬度较大的宝石。这些特征使得它与钻石最相似，而锆石的价格只有钻石的1%。从小说《项链》中透露的真钻石项链值36000英镑，而假项链只值500英镑的价格差来看，假项链是锆石的可能性很大。

随着科技发展，人造金红石和人造金刚石更多地成为钻石的冒充者。辨认钻石项链的真假，主要通过宝石的光学特性。例如，将真钻放入水中，我们可以看到十分清晰的暗黑色的轮廓，但假钻石没有。另外，锆石的底部和棱线有明显的双影，而真钻石则没有。

一条钻石项链，折射出小说主人公的悲剧命运，留给后人很多的思考。告诫我们不能沉迷于表面的浮华，要脚踏实地奋斗出自己的幸福。人真正的价值绝不是美丽的外表，而是真正的能力。就像钻石一样，除了做首饰，它还在很多领域大展才华，如在很多切割、打磨和钻探工具上都有它的身影。

锆石首饰

延伸阅读 锆石还有大用途

目前用作首饰的锆石多为人工合成的立方氧化锆。天然锆石晶体大的很少，但是它对地质研究具有重要的意义。主要是因为锆石中含有一种稳定的放射性同位素铀，它经过衰变会形成铅元素，并且其半衰期是稳定的4.5亿年。

从岩石样品中获得锆石，通过激光分析其铀和铅两种元素的比值，再套用计算公式，我们就可以知道这块岩石形成于距今多少年。因此，锆石是地质测年的重要工具。

金刚石

“他山之石”为何可以“攻玉”？

想一想：

你知道“他山之石，可以攻玉”出自哪里，这句话的寓意是什么吗？

可以“攻玉”的“他山之石”是什么石头？

“他山之石”为何可以“攻玉”呢？

“他山之石，可以攻玉”，字面意思是说别的山上的石头，能够用来琢磨玉器，出自《诗经·小雅·鹤鸣》。现在已经成了一个耳熟能详的成语，既比喻别国的贤才可为本国效力，也比喻能帮助自己改正缺点的人或意见。

玉石是在中国流传了几万年的宝石，已深深地融入了中国传统文化之中。最为知名的玉石之一是产自新疆和田地区，以透闪石、阳起石为主要矿物成分的玉石，在岩石分类上属于变质岩的一种。和田玉的形成过程体现了大自然对于岩石的“千锤百炼”，它的原材料是十几亿年前海洋沉积形成的白云岩。

金刚石

后期受到地质运动的改造，特别是与地下炽热的岩浆接触后，这些白云岩发生了热变质作用，形成了透闪石这种标志性的矿物，和田玉的雏形才在地下孕育完成。之后这些和田玉被造山运动带到近地表位置，再遭受长期风化作用露出地表，有的玉料还被流水不断搬运和打磨，才成了被我们利用的玉石。

从玉石的形成过程我们可以看出，它是十分坚硬的。到底有多硬呢？有没有一个衡量软硬的标准呢？硬度其实是岩石、矿物抵抗外部机械作用的能力。矿物学家莫斯曾经制定了一个相对硬度比较标准，即硬度高的岩石、矿物可以刻划硬度低的岩石和矿物。他还将相对硬度划分为 10 个等级，并选择了 10 种矿物与之相对应。根据现代测定，和田玉的相对硬度值大约是 6，而我们日常使用的小刻刀硬度只有 5.5。古人也发现了玉石十分坚硬，不能用一般的刀具雕刻，而从其他山上捡来的硬度大的“石头”可以用来雕琢玉器。

据考证，这种能够攻玉的“他山之石”就是金刚石。金刚石的莫氏硬度达 10，是目前天然存在的最硬的矿物。它的硬度与其原子的排列方式有密切关系。金刚石是由碳元素组成的单质类矿物，其碳原子与其他四个原子形成一个正四面体，所以结构非常稳定。纯净的金刚石可以做首饰，也就是我们熟悉的钻石。此外，它还在很多领域大展才华，如很多切割、打磨和钻探工具上都有它的身影。

山东蒙阴金刚石矿坑

“他山之石”是金刚石，那么，“他山”在哪里呢？从目前我国金刚石的出产地看，辽宁瓦房店、山东蒙阴县及湖南沅水流域都可能是“他山”的所在地。以山东蒙阴县为例，这里的金刚石产自一种叫金伯利岩的岩浆岩中，也就说明了钻石的形成与高温、高压环境有密切关系。在万里之外的南非有一个叫金伯利的地方，那里是世界出产金刚石的宝地。

延伸阅读 有些至理名言有点“瑕疵”

“锲而不舍，金石可镂”“精诚所至，金石为开”，这是我们耳熟能详的至理名言，比喻只要坚持不懈，就可以取得成功。然而，当我们用科学的视角看待这些金句，我们会发现它们是有“片面性”的，因为要做到“金石可镂”“金石为开”还要尊重科学规律，即要考虑矿物的硬度。只有用高硬度工具材料才能把金石打开或镂空。

因此，要想做到“金石可镂”，不仅要“锲而不舍”，更要懂得“他山之石，可以攻玉”的道理。

硅

“硅谷”一词何来?

想一想:

“硅谷”一词的起源地在哪里?

硅这种元素对于人类有何重要意义?

哪些岩石矿物中含有硅?

“硅谷”一词源于美国加利福尼亚州北部、旧金山湾区南部，最早由研究和生产以硅为基础的半导体芯片而得名。不难发现，硅与电子工业有密切的关系，我们使用的智能手机、笔记本电脑中都有硅的身影。

硅其实是一种化学元素，化学符号为 Si，在化学元素周期表上，它的排序是 14，但是它的储量在地壳中却排名第二，仅次于氧，约占地壳质量的 26%。相比能够助燃的氧，以及和日常生活息息相关的铝、铁、钙等金属元素，硅元素似乎缺乏存在感，这主要是因为它以化合物的形式存在于岩石和矿物之中。随着半导体材料的广泛应用，硅元素开始展现它夺目的

硅灰石和石英是主要的硅矿石

一面。

什么是半导体？我们知道各种物体的导电性能是不同的，各种金属物，包括我们的人体导电性都是很强的，称为导体；而橡胶、塑料、玻璃等是不导电的，称为绝缘体。还有一些物体，如硅晶体，导电性能介于导体和绝缘体之间，称为半导体。半导体具有以下几个特性：一是电阻随温度上升而下降，导电性能增加；二是在光照下可以产生电压；三是导电具有方向性。这些特性决定了半导体在电子工业中有广泛的应用。硅是理想的半导体材料，相比其他半导体，硅具有更高的稳定性和可靠性。1954 年，美国科学家研制出了第一个商用硅晶体管，正式开启了硅时代。

硅虽然是地壳中的第二大元素，但是岩石中的硅是以化合物形式存在的，而电子工业需要纯硅，因此需要把它从岩石中分离出来。首先，要锁定提取硅的矿物。自然界中含硅最多的矿物就是石英，石英的成分是二氧化硅；此外，还有硅灰石，主要成分是硅酸钙。人们需要对这些矿石进行高温冶炼，并经过多次提纯，制成多晶硅。多晶硅主要应用于光伏产业、太阳能组件及制造电子元器件。多晶硅太阳能电池的稳定性、可靠性较强，光电转换率高。此外，晶体管、晶体管管座和发光二极管等各类电子元器件、汽车零部件（如发动机支架）等也会用到多晶硅。对多晶硅再进一步提纯，可以得到电子级硅，此时硅的纯度可达 99.999999999%，再经过滚磨、倒角、研磨、刻蚀、机械抛光等工序后送往晶圆厂，继续经过一系列复杂严苛的工序制作，最终才成为计算机、手机等终端产品中一颗小小的芯片。

正是由于硅在电子工业中具有重要作用，有学者将今天的电子时代称为“硅时代”，并将硅时代和石器时代、青铜时代、铁器时代、蒸汽时代、电气时代并列。

延伸阅读 北京猿人也曾有过属于他们的“硅时代”

硅时代和北京猿人看似完全没有联系，实则不然。因为北京猿人的生产工具中就含有硅。发掘出土的古人类石器的主要成分是石英岩。几乎都由石英这种矿物组成的岩石，是地下岩浆沿着岩石裂隙侵入并冷凝形成的。石英的主要成分就是二氧化硅，是今天我们提炼硅的重要矿物。此外，古人类取火多用燧石进行敲打产生火星。燧石其实就是石英的变种，也称为硅质岩。

虽然古人类对于含硅矿石的利用和今天的电子科技不可同日而语，但是石器和火的使用是人类进化中的重要事件，使人类从动物界脱颖而出，是从蛮荒走向文明过程中的重要里程碑。这种发展意义不亚于近70多年来的电子科技革命。

古人类使用的石器

高岭石

中国瓷器体现了古人怎样的智慧?

想一想:

烧造瓷器的基本材料是什么?

什么颜料能使得瓷器千百年不褪色?

江西景德镇为什么能成为中国的瓷都?

“中国”和“瓷器”的英文都是China，足以说明这类流传千百年的器物与我国有密切关系。根据考古研究发现原始瓷器从陶器发展而来，最早见于郑州二里岗商代遗址。在众多的中国古代瓷器中，以元代的青花瓷、清朝宫廷的粉彩瓷最为著名。其实瓷器的发展过程也体现着我国古代劳动人民对于自

高岭石——瓷器原料

然的探索过程。正是因为不断开发新材料，才使得瓷器越来越精美，兼具观赏和使用功能。

烧造瓷器，其材料的选择是古人不断探索得出的。瓷器是由陶器演变而来的，陶器使用黏土进行烧造，但是在烧造过程中可能会因为受热不均或者其他扰动因素而导致失败。慢慢地，古人发现使用一种“白色土壤”烧造瓷器，会增加瓷器的稳定性和烧结强度，大大提高成品率。这种白色矿物由于产自江西景德镇高岭村，因此被称为高岭土。

高岭土又被称为白云土、观音土，主要的矿物成分是高岭石，此外还含有埃洛石、水云母、伊利石、蒙脱石及石英、长石等矿物。它的形成主要有两大途径：一种含有铝硅酸盐的岩

青花瓷

斗彩瓷

粉彩瓷

石在大气和水的作用下，其中的一些成分被溶解，残留的岩石含有铝和硅，逐渐形成高岭土；另一种则是一些岩浆岩遭受风化作用破碎形成黏土物质，这些黏土被水流搬运到另一个地点沉积下来，并经过一系列化学作用最后形成高岭土。高岭土在经过高温烧制过程中会分解形成莫来石。莫来石的出现使得陶瓷中氧化铝的含量增加，从而使得瓷器胎体强度增大。此外，高岭土有黏结性、可塑性强的特点，所以在烧造之前，在瓷胎体中加入高岭土，有利于车坯和注浆，从而有助于胎体成形。

高岭土这种材料的发现，使得瓷器有了“强健的身躯”；而矿物颜料的开发和利用则大大提升了瓷器的“颜值”。矿物作为颜料，不仅颜色鲜艳亮丽，而且由于矿物性能相对稳定，因此能够保障瓷器千百年不褪色。青花瓷几百年仍然保持着那一份深沉而明亮的蓝，便是因为古人从含有钴的矿物中提取氧化钴，制成了一种名为苏麻离青的着色剂。粉彩瓷的粉化效果，则是古人往瓷器胎釉上涂了含砷的矿物，上面的各种颜色则使用了含铁、钴、锰、铜等金属元素的矿物作为在胎体上绘画的颜料。

“素坯勾勒出青花笔锋浓转淡，瓶身描绘的牡丹一如你初妆……釉色渲染仕女图韵味被私藏，而你嫣然的一笑如含苞待放。……”正像《青花瓷》这首歌中唱的一样，在博物馆欣赏一件件古瓷器时，我们不仅是在中华传统文化的大海中遨游，也不仅是在人类艺术的大花园里徜徉，更是在读前人用智慧和汗水写出的一部科学史书。

延伸阅读　江西景德镇为什么能成为世界闻名的瓷都？

瓷器既是一种实用器，也是一种陈设器，其烧造过程中需要大量的材料和人力资源。生产完成后，还需要便捷的交通运输。因此，具有烧造瓷器原材料，有较多劳动力，交通便捷，距离消费市场较近的景德镇就脱颖而出。唐代，景德镇的制瓷业就已有一定规模，宋代是景德镇制瓷业快速发展的时期，首创了青白瓷。

景德镇位于江西省北部，毗邻安徽和浙江两省，主要通运河流有昌江河和乐安河，地理区位有优势。最为重要的是，在景德镇的高岭村有大量的高岭土矿，不需要从远处运输原材料。正是这些原因，1000多年以来直到今天，景德镇为全国乃至全世界源源不断地输送着一件件精美的瓷器，是世界著名的瓷都。

矿物颜料

古人画作为何千百年不褪色？

想一想：

你见过保存了几百年乃至上千年的画作吗？
你知道为什么古人的画作历经这么多年仍不褪色吗？
古人是如何在自然界中寻找颜料的？

人类绘画的历史可以追溯到上古时期的岩画。后来，岩画慢慢演变成了象形文字，使得人类逐步走向文明。随着纸张的发明和不断改进，以及绘画技艺的不断提升，一件件来自古代的绘画佳作就此诞生。此外，一些石窟中的壁画也是古代艺术的瑰宝。

从宁夏贺兰山的岩画，到半坡彩陶的鱼型纹，再到北魏云冈石窟中的壁画；从唐代阎立本的《步辇图》，到北宋张择端的《清明上河图》，再到宋代青年画家王希孟创作的《千里江山图》。可以说，这些流传千百年的画作不仅呈现了来自古代的视觉盛宴，也为史学家提供了丰富珍贵的历史信息。这些作品历经漫长岁月而不褪色的秘密就在其原料的选择上。

蓝铜矿——石青矿物颜料

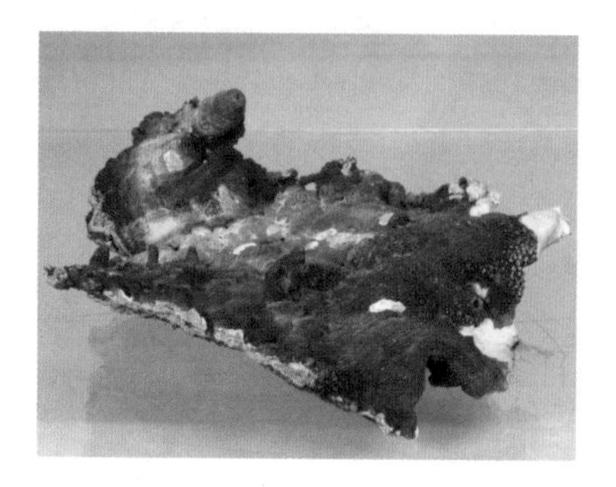

孔雀石——绿色矿物颜料

赤铁矿——红色矿物颜料

辰砂——红色矿物颜料

古人用的绘画颜料是矿物颜料。那么，什么样的矿物才适合制作颜料呢？首先，要制作颜料，就要将矿物磨成粉末。如果粉末的颜色比较鲜亮而稳定，就可以作为颜料。其次，制作颜料的矿物在自然界中要有一定的赋存量，一些稀有矿物是不适合作为颜料的。再次，也是最为关键的，就是要选择化学稳定性强的矿物，那些接触空气和水分很快被氧化的矿物如果用来作画是很容易褪色的。最后，从颜色学的角度看，红色、黄色、蓝色和绿色这四种颜色的颜料最为重要，因为绝大部分颜色都可以由这四种颜色中的两种或三种调出来，如橙色可以由红色与黄色调出，紫色可以由红色和蓝色调出。

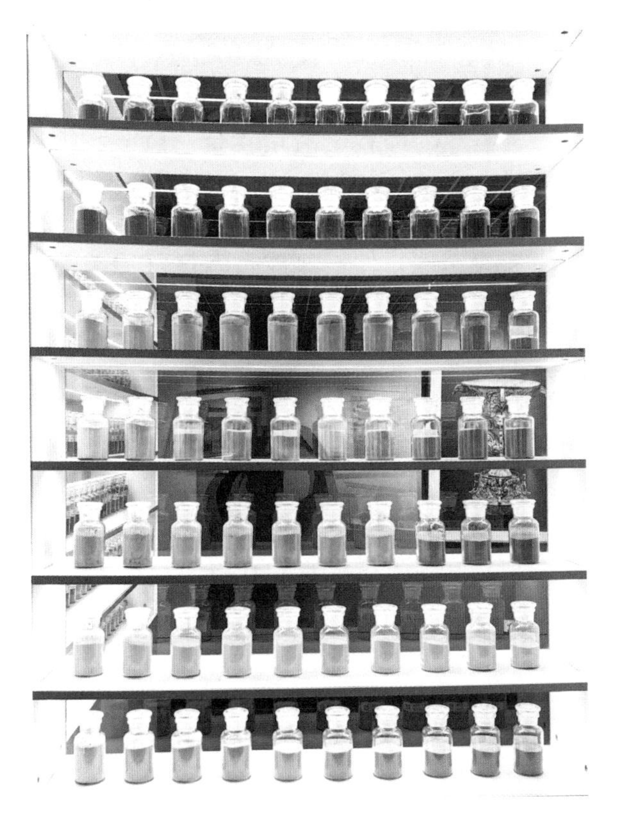

矿物颜料

人们经过长期实践发现，赤铁矿这种矿物储量大，其粉末颜色是鲜艳的红色，并且这种矿物十分稳定，故成了红色颜料的首选。辰砂（朱砂）也可以作为红色颜料，广泛用于古罗马的艺术和装饰、中世纪的彩绘手稿及中国古代的漆器中。黄色颜料通常选用雌黄，雌黄的主要成分是三硫化二砷，有艳丽的色泽，宛如黄昏落日般的绚丽，但由于其具有一定的毒性，后来慢慢被弃用。绿色颜料则选用孔雀石，孔雀石在中国古代又叫“绿青”“石绿”“铜绿”，由于颜色酷似孔雀羽毛而得名。蓝色（天青色）颜料则选用蓝铜矿，在中国古代被称为“石青”“青镬”，成语“妙笔丹青”中的“丹”即指朱砂，“青”就是蓝铜矿。深蓝色的颜料一般用青金石制成。除了上述几种颜色的矿物颜料外，白云母因为可以研磨成极细的颗粒，具有良好的附着性和渗透性，便被制成具有良好覆盖性能的白色染料。另外，石墨可以作为黑色颜料。

虽然现在化学颜料已经取代矿物颜料，而曾经被用作颜料的矿物则被用于提炼有用化学成分制成各种工业材料，但这些矿物为人类历史增添了绚丽的色彩，在绵延几千年的人类文化和艺术发展史中留下了浓墨重彩的一笔。

延伸阅读　矿物粉末颜色如今还有重要意义

矿物的粉末颜色，在地质学上称为条痕色。曾经作为颜料的矿物有个共同特点，就是鲜亮而稳定的条痕色。条痕色是矿物重要的物理性质，也是矿物之间相互区别的重要手段。例如，黄金和黄铁矿外表都是金黄色，但它们的条痕色是完全不同的。黄金的条痕色依旧为金黄色，而黄铁矿的条痕色则为黑绿色。

石花

石中之“花”为何怒放？

想一想：

你见过哪些带有“花”的石头？

石头为何会呈现出花的形象？

石花是因为远古时期有真正的花朵保存于石头中吗？

“等闲识得东风面，万紫千红总是春”是宋代学者朱熹对春日百花盛开美景的描绘。五彩缤纷的花朵装点着我们的生活，对花的喜爱、对美的追求成了人们的共同爱好。笑看花开花落更是表达了一种至高的精神追求。其实，花朵的美丽不只存在于植物界，在那些冰冷的岩石和矿物世界也有花的形象。

菊花作为花卉“四君子”之一，其纤细狭长的花瓣、婀娜的形态及在深秋傲霜怒放的气节受到广大人民群众的喜爱，也使其深深地融入中华文化之中。菊花往往象征着不屈不挠的精神，代表着名士的斯文和友情。在很多的奇石工艺品市场，或者博物馆展厅，大名鼎鼎的菊花石都占据一席之地。其中，在湖南浏阳，有一种灰色的石板，几朵洁白的“花”分布其上，有些还呈现立体的形态，好似一只只振翅的蝴蝶翩翩起舞，这便是菊花石。浏阳菊花石产自湖南浏阳河畔的碳酸盐岩质沉积岩中，已有2.7亿年的历史。起初是天青石晶体呈放射状生长，天青石晶体单体呈现细长的菱形柱状，酷似菊花的花瓣，后来天青石被碳酸盐岩和硅质物质所置换，才使得“菊花”的花瓣变白。

菊花石

玫瑰是爱情之花，而在干旱的沙漠中却能“生长”出一种千年不败的矿物玫瑰花，即沙漠玫瑰。沙漠玫瑰是生长在沙漠低洼处的石膏或重晶石的结晶体，它是沙下湖在极其干燥的气候条件下，水体不断升腾、蒸发作用下，硫酸钙或硫酸钡的溶液中晶体析出，并按照结晶习性和生长空间凝结而成的花朵状矿石。美国的亚利桑那州盛产沙漠玫瑰石，在我国的内蒙古阿拉善地区也产这种沙漠玫瑰。

沙漠玫瑰

和沙漠玫瑰的成因类似，溶洞中的石花也是矿物晶体从溶液中析出而形成的。在北京著名的溶洞景观——石花洞中，你可以看到除巨大的钟乳石、石幔、石笋外，还有一朵朵精美的石花。这些石花是碳酸钙晶体从溶液中析出、沉淀并形成的一种晶簇。仔细观察，你会发现“石花”和沙漠玫瑰、菊花石不一样——它的“花瓣”边界不规整，而是呈现出像珊瑚一样的瘤状凸起。这主要是含有碳酸钙的溶液缓慢从洞顶滴下来，日积月累沉淀的结果。

石花

国色天香、雍容华贵的牡丹花只在每年初夏时节吐露芬芳，而在石中也有一种牡丹花，能永远绽放。这个牡丹石产自九朝古都洛阳，这是一种被称为闪长玢岩的岩浆岩经过变质作用而形成的，其花朵状的图案是由斜长石斑晶组成的。因此，要赏牡丹，洛阳是个好去处，即便“人间四月芳菲尽”，可石中的“牡丹”会永远盛开。

牡丹石

在岩石上我们还经常能看到一种像花的化石，它也有花一样的名字，可并非真正的花，它就是海百合。海百合以其形似百合花而得名，其实它不是植物，而是一种棘皮动物，与现在的海星、海参和海胆算是远亲。一株完整的海百合由冠部、茎部和根部三部分组成，我们看到的“花朵”部分实际是它的冠部。根据化石记录，这种海中之花早在5亿多年前的寒武纪就已在海中“绽放”，至今仍顽强地在大洋深处占有一席之地。

海百合

自然界中的花朵五彩缤纷，石中之花更是婀娜动人，它们不仅亿万年不败，而且每一朵花都是一个不朽的传奇，每个传奇背后都有一段动人的故事。

延伸阅读 真正的石中之花——被子植物化石

在石头中，的确有真正的花朵，这便是有花植物的化石。有花植物又被称为被子植物，因其种子被包裹在果实中而得名，这是植物发展史上最晚出现的一类高等植物。

1996年，古植物学家孙革获得了一块产自辽西的1.25亿年前的植物化石，在植物的主枝和侧枝上呈螺旋状排列着40多枚类似豆荚的果实，明显具有被子植物的特征。这就是早期的被子植物代表——辽宁古果。2010年上海世博会上，包括辽宁古果在内的十件辽西化石精品在辽宁馆闪亮登场。

之后，我国古生物学家又发现了中华古果、十字里海果、潘氏真花等早期的被子植物化石，从而为探索有花植物的起源提供了更多的证据。这也表明了中国是有花植物的起源中心之一，是一座培育鲜花的大花园。

辽宁古果

花岗岩

人民英雄纪念碑的碑心是用哪种岩石做的？

想一想：

你去天安门广场瞻仰过人民英雄纪念碑吗？

你知道刻着“人民英雄永垂不朽”八个大字的碑心是用什么岩石做的吗？

你是否见过这样一类岩石，它们表面星星点点，令人眼花缭乱？这类岩石出现在什么地方？

如果问你印象最深的石碑是哪一座，或许很多人会回答是北京天安门广场上的人民英雄纪念碑。从 1952 年动工兴建至今，它已经在广场上矗立了 70 多个春秋。今天，当我们前去瞻仰，会发现它依旧如新，这主要归功于它的选材。人民英雄纪念碑的碑心是其主体，止面镌刻着“人民英雄永垂不朽”几个大字，而承载这几个厚重大字的碑体是产自青岛的一块花岗岩。

花岗岩这个名称人们都熟悉。我们在日常生活中，或者在郊游时常见的这种外表呈星星点点状花纹的岩石就是花岗岩。

人民英雄纪念碑

花岗岩是人类重要的建筑石材，也是构成地球大陆地壳的重要岩石类型之一。为何花岗岩是优良的建筑石材呢？为何它的外表星星点点、斑斑驳驳？它是怎样形成的呢？

首先，作为建筑石材的岩石必须坚硬、抗压，而这两大特征正是花岗岩的典型特征。衡量岩石矿物坚硬程度的标准，地质学家普遍采用莫氏硬度。花岗岩的莫氏硬度为 6，而我们使用的普通小刻刀的硬度只有 5.5。

此外，花岗岩的抗压性很高，每平方厘米的花岗岩能够承受 3000 千克的重量。正是因为这样的优点，它成了日常较为常见的建筑石材。

知识小贴士：莫氏硬度

矿物学家莫斯编制了表示矿物相对硬度的量表，并用10个标准矿物对应10个硬度等级——滑石硬度为1，石膏硬度为2，方解石硬度为3，萤石硬度为4，磷灰石硬度为5，正长石硬度为6，石英硬度为7，黄玉硬度为8，刚玉硬度为9，金刚石硬度为10。硬度高的矿物可以刻划硬度低的矿物。

花岗岩之所以呈现星星点点、斑斑驳驳的花纹，是由于含有不同的矿物所致。矿物是自然界中的晶体，而岩石则是矿物的集合体。截至2023年底，已经发现了6005种矿物，但是常见的矿物只有100多种，而花岗岩中就能找到四五种常见矿物。在阳光下，有的花岗岩的黑色斑点会反光，这就是黑云母；还有的花岗岩的黑色斑点反光性差，这就是角闪石。有些

花岗岩星星点点的外表

花岗岩呈红色，这是钾长石；还有些花岗岩呈灰白色，是因为其中白色矿物有石英和正长石。除了以上特点外，花岗岩中还经常有石英脉和包体。

花岗岩看似冰冷，却是在高温的环境中诞生的。它是地下炽热的岩浆沿着裂隙上涌，在较深的位置冷凝形成的岩石。在三大岩石中，它是岩浆岩这个大家族中的成员。由于它形成的深度较深（位于地表 3000 米以下），而且化学成分中二氧化硅占比超过 65%，因此在岩浆岩这个大家族中，它属于酸性岩和深成岩。

知识小贴士：岩浆岩的类别

岩浆岩怎样分类呢？岩浆岩有两种分类方法：按照形成的位置（地质学称为产状）及按照化学成分分类。有的岩浆岩是火山喷发出地表冷凝形成的，也有的岩浆岩是岩浆上涌未到达地表就冷凝形成的，前者被称为喷出岩，后者被称为侵入岩。侵入岩根据形成位置又可分为浅成侵入岩（距离地表 3000 米以内）和深成侵入岩（距离地表大于 3000 米）。二氧化硅是组成岩浆岩最主要的化学物质，按照其含量可以将岩浆岩分为超基性岩（二氧化硅小于 45%）、基性岩（二氧化硅含量 45% ~ 52%）、中性岩（二氧化硅含量 52% ~ 65%）和酸性岩（二氧化硅大于 65%）。

虽然从地质的角度看，任何种类的岩石在自然作用下都会逐步遭受风化剥蚀而慢慢破碎，但是如果仅从人类历史的角度看，花岗岩由于石质坚硬、致密，可以长久保留。很多历史文物，如各种石雕、磨盘、石碑等都是花岗岩质的。根据专家研究，人民英雄纪念碑至少能在天安门广场完好矗立1000年之久，因此用这种石材制作纪念碑，也能真正象征着“永垂不朽”。

延伸阅读 生活中你还见过哪些花岗岩“制品”

除了人民英雄纪念碑外，在生活中我们还能看到很多花岗岩制作的物品，一些名山风景也与花岗岩密不可分。例如，放在一些道路边缘起隔离作用的石球，一些建筑物的外立面、台阶、墙砖，公园里起到装饰和隔断用的虎皮墙，公园里的一些石凳子，还有部分铁路用的道砟，一些古村落残留的磨盘……都是用花岗岩做的。

也有一些著名的山脉景观是花岗岩，如东岳泰山顶上的拱北石、西岳华山山体、黄山山体、北京凤凰岭和莲花山等。此外，支撑北京八达岭长城的山体、厦门鼓浪屿的鼓浪石和日光岩也是花岗岩材质。

斑斑点点的隔离石球

大楼的外立面

北京八达岭长城建在花岗岩山体上

浮石

"浮石沉木"真的存在吗？

想一想：

你知道成语"浮石沉木"的释义吗？
真的有能浮在水面的石头和沉在水底的木头吗？
是什么决定物体在水中是漂浮或沉底？

石头浮在水面上，木头沉到水底，这似乎颠覆了我们的常识。成语"浮石沉木"出自汉代陆贾的《新语·辨惑》："夫众口之毁誉，浮石沉木，群邪所抑，以直为曲。"这个成语以颠覆人们常识的现象来比喻是非颠倒、黑白不分。

岩浆岩中的气孔是岩浆冷凝、气体挥发形成的

自然界真的没有能浮在水面的石头和沉入水中的木头吗？当把一个物体放在水中，它到底是上浮、悬浮还是沉底，是由什么决定的呢？要回答这个问题，我们就要对水中的物体做受力分析。物体之所以会下坠或下沉是受到重力的作用，而水中的物体还受到竖直向上的浮力影响。当浮力大于重力时就会上浮直至漂浮；当浮力等于重力时会在水中悬浮，既不上浮也不下沉；当浮力小于重力时，物体会下沉甚至沉底。

物体的重力大小就是物体的质量（物体密度和物体体积乘积）乘以重力常数。物体在水中受到浮力的大小则等于物体排开水的重力，这是早在几千年前古希腊科学家阿基米德提出的科学定论，而排开水的重力则是水的质量（水的密度和物体浸入水中的体积）乘以重力常数。因此，当物体密度大于水时，其浮力小于重力，因此会下沉直至沉底；当物体密度和水相等时，浮力等于重力，因此会悬浮；当物体密度小于水时，全部浸入水中时浮力会大于重力，因此会上浮直至漂浮。

绝大部分岩石的密度比水大，而绝大部分木头的密度比水小，因此日常经验告诉我们，石头会沉底，而木头漂浮在水面上。但是也会有例外，有一种满是气孔的火山岩就可以浮在水面，人们称其为浮石。浮石中的气孔是喷出地表的岩浆在冷凝过程中由于里面的气体不断散逸而形成的。像人们日常用的搓脚石就是这种浮石。但是并非所有的浮石都会漂在水面上，因为当浮石里面的所有孔洞都联通，就像船破了洞一样，照样会沉底。只有当里面存在封闭性的孔洞时，它才有可能浮起来。

同样，一些木质致密的木头，如印尼黑檀、小叶紫檀，密度通常大于水，因此也会沉底。值得一提的是，木化石是远古树木的枝干经过矿物质交换、填充而形成的，密度比水大得多，当然也会成为“沉木”。

延伸阅读　阿基米德的另一大力学理论

“浮石沉木”的现象，可以用阿基米德的浮力定律来解释。其实阿基米德在科学上的贡献不仅于此，他曾说过一句惊天的名言：“给我一个支点，我能撬动整个地球。”就是对这个科学原理夸张但形象的诠释，这就是杠杆原理。

古人搬运开采的笨重石料，最开始的方法就是在木棍下垫着一块石头，然后一点点地向前撬动，这就是利用了杠杆原理。

石灰岩

于谦的《石灰吟》描绘了石灰岩的什么特性？

想一想：

《石灰吟》是于谦青年时所作，这首诗抒发了怎样的情感？

什么是石灰？石灰的用途有哪些？

石灰岩是一种怎样的岩石？形成于什么环境中？

“千锤万凿出深山，烈火焚烧若等闲。粉骨碎身浑不怕，要留清白在人间。”这是明代政治家于谦的名作。年轻的于谦曾经看见匠人们把一块块青灰色的山石投入熔炉，炼成白色的石灰，就以石灰托物言志，赞美不怕牺牲的精神，歌颂了那些胸怀国家、情操高洁的仁人志士。其实《石灰吟》中的石灰也是于谦廉洁正直、刚正不阿性格的写照。在土木之变发

石灰岩

生、明英宗被俘虏、明朝处于生死存亡的紧要关头，于谦亲自率兵打赢了北京保卫战，击退了瓦剌军的进攻，但是后来却被以“忤逆罪”而处死。

石灰到底是什么？那些被投入熔炉炼石灰的青灰色山石是什么岩石呢？石灰是一种无机胶凝材料，主要成分是氧化钙。冶炼石灰的岩石就是石灰岩，主要化学成分是碳酸钙。碳酸钙经过高温煅烧后就会形成氧化钙，并释放出二氧化碳。“烈火焚烧若等闲”这句诗就是对这个过程的描述。此外，氧化钙（生石灰的主要成分）遇水后会变成白色粉末状的氢氧化钙，这或许是“粉骨碎身浑不怕”的来源。

层状石灰岩

石灰岩是怎样形成的呢？从地质上讲，它是海水和湖水中溶解的碳酸钙经过沉淀而形成的。碳酸钙在水中是微溶状态，但是如果溶解的碳酸钙出现过饱和，就会形成白色沉淀，就如同壶底结出水垢一样，或许这也暗含了“要留清白在人间”。这些碳酸钙沉积在海底，水分蒸干后慢慢硬化，最后在地质作用下便形成了石灰岩。

溶洞中的碳酸钙沉积

石灰岩在分类上属于三大岩中的沉积岩。和松散的砂岩不同，由于它是化学沉淀的结果，因此其石质比较致密，常常形成厚重的块状岩石，需要“千锤万凿”才能开采出来。当然，石灰岩并不是十分纯净的碳酸钙，里面会有泥沙夹层及海洋生物的碎屑，甚至还有完整的海洋脊椎动物的化石，这些都为地质学家研究古环境、古生态提供了重要依据。

虽然我国现在只有东部和南部临海，但是在地质历史时期，很多地区都被海水覆盖。遍布各地的海洋沉积石灰岩就是证据。

延伸阅读 石灰岩会形成很多秀美的地貌景观

由于石灰岩易被水溶解侵蚀，因此形成了很多地貌景观，如巨大的溶洞、幽深的天坑、造型奇特的石林及秀美壮观的峰丛景观。

昆明石林是石灰岩质

我国著名的溶洞，包括北京石花洞、辽宁本溪水洞、浙江金华双龙洞、贵州织金洞及桂林的芦笛岩都发育自石灰岩山体。有“天下第一坑”美誉的重庆奉节小寨天坑，位于云南昆明西南石林及宜宾的兴文石海，广西桂林漓江两岸的造型山峰都是石灰岩质。

太湖石

《红楼梦》大观园中曲径通幽处的假山石是哪种岩石？

想一想：

你参观过北京大观园吗？

你知道大观园中第一处景观——曲径通幽处用的是什么岩石吗？

曲径通幽处的岩石为何婀娜多姿，上面有很多孔洞？

《红楼梦》中描绘的大观园，不仅是奢华的家族宅院，更是集建筑、文化、美学于一身的园林精品。20 世纪 80 年代，为了拍摄电视剧《红楼梦》，在北京右安门护城河畔也建起了一座大观园。踏入大观园，你会被一座奇特的假山石所吸引，这就是“曲径通幽处”。

当年曹雪芹在原著中曾经提及，大观园竣工后，贾政便带领众人参观园子，刚入门，迎面一座翠嶂挡在面前。这座翠嶂就是用观赏石堆叠的假山，上面布置了植物，其起到的就是屏风的作用。穿过这片山石，视野豁然开朗，大观园中亭台楼阁展现在眼前。拥有深厚文学功底的宝玉便将此翠嶂取名“曲径通幽处”。名称来源于唐代诗人常建对江苏常熟兴福寺的描述：“曲径通幽处，禅房花木深。”

北京大观园的曲径通幽处

曲径通幽处用的假山石是什么岩石呢？当你走近假山，会发现这些石头有的呈灰黑色，有的发白，而共同特点是上面布满了大大小小的圆形孔洞。这就是大名鼎鼎的太湖石。

太湖石的主产区就是江苏苏州太湖沿岸，其质地坚硬，线条柔曲，千窍百孔，玲珑剔透，形态各异，有较高的观赏价值和收藏价值。太湖石早在一千多年前的唐朝便已闻名于世，唐代著名诗人白居易在《太湖石记》中赞美太湖石是将三山五岳、百洞千谷尽缩在一块石头之上的景观。到了明清时期，皇帝的御苑或达官贵人的私家庭园无不以太湖石来装饰点缀。如北京的颐和园、上海的豫园、南京的瞻园、苏州的拙政园、无锡的寄畅园等，都能见到太湖石的身影。历史上遗留下来的著名太湖石有苏州留园的“冠云峰”、上海豫园的“玉玲珑”等园林名石。

太湖石

太湖石不仅以“瘦透漏皱”的特点成为观赏石中的宠儿，而且还记录了地球历史的变迁。2亿多年前，太湖地区还是一片汪洋大海，大海中的碳酸岩沉积物就是坯子，最终经过成岩作用形成了石灰岩。随着地壳运动，石灰岩被抬升到地表，经过流水的侵蚀作用最终被雕刻成太湖石。石头上那一个个圆形的孔洞都是流水的旋涡淘蚀而成。千百年来，不论是庭园还是书桌前，太湖石都是常用的装饰用石，它也成就了红楼梦大观园中的第一道美景。

延伸阅读 北京也产太湖石

虽然名为“太湖石”，但是并非所有太湖石都产自太湖沿岸。北京房山也产太湖石，被称为“北太湖石”。著名的北太湖石就是颐和园乐寿堂前庭园里的“青芝岫”。

从岩石的形成时间看，北太湖石更为悠久，可以追溯到5亿年前，那时北京西山地区被海洋覆盖，后来经历了成岩、抬升、水蚀等过程。北太湖石和南太湖石的区别主要是其颜色普遍较深，孔洞较少，这是由于南北方气候和水文条件差异造成的。

太湖石

大理岩

宫廷建筑里的一抹亮丽的白色

想一想：

你知道汉白玉和大理岩名称的由来吗？

你知道汉白玉记载了北京怎样的一段久远的历史吗？

大理岩和我们日常所说的大理石是一种石头吗？大理岩对人体会产生有害辐射吗？

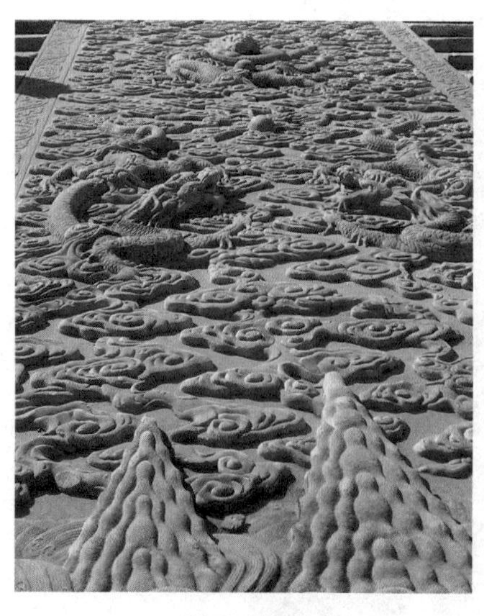

故宫石雕

故宫里除了红色的围墙、红色的大殿、金色的琉璃瓦，大殿底部的那一抹亮丽的白色也十分显眼。故宫里的宫殿坐落在白色的岩石基座上，宫殿前白色石栏杆上雕刻着龙云纹图案。在大殿前的石台阶中央还有巨型石雕，上面也以龙和祥云图案为主，象征着皇家的威严。这种给宫廷建筑增添一抹亮丽白色的岩石就是大理岩。大理岩中有一种白色细晶的品种就是汉白玉。除了在故宫大殿前的石栏杆和石雕，天安门前的华表、天坛祈年殿的基座、圆明园西洋楼景区残存的石柱、颐和园的十七孔桥及石舫，包括希腊雅典卫城都使用了大理岩。

雅典卫城

圆明园残存的大理岩建筑

大理岩

大理岩在三大类岩石中属于变质岩，是石灰岩或白云岩受到挤压或者地下岩浆的烘烤，组成岩石的主要矿物方解石、白云石发生重结晶作用后形成的。大理岩的名称来源于云南的大理古城。在大理古城外的苍山上就产有这种岩石。

知识小贴士：重结晶作用

重结晶作用是指沉积下来的矿物质在温度、压力的影响下所进行的结晶作用。经过重结晶作用，晶体颗粒从小变大，岩石的质地常常也变得更为致密。现实中，积雪被压实变成冰的过程就是一种重结晶作用。

汉白玉

大理岩中有一种白色的极品，被称为汉白玉。汉白玉叫“玉”，但不是玉石，其名称来源目前有两种解释：一种说法认为，这种石料类似洁白无瑕的美玉，而又从汉代起开始使用，所以称为汉白玉；另一种说法认为，古人把白玉分为“水白玉”和“旱白玉”两种，水白玉就是从河床中捡拾的白玉料，旱白玉就是产在山上的白玉料（包括这种白色细晶大理岩），后来由于长时间流传，人们就把“旱”误传成了“汉”。汉白玉的主产地是北京房山的大石窝，对它的研究揭开了北京西山一部十几亿年的地质演化史。

北京房山地区在距今十六七亿年前的元古代还是一片浅海。当时，在海床上沉积了厚厚的碳酸盐岩，其中以石灰岩为主，还有白云岩，这就是汉白玉的母岩。后来在一亿多年前，

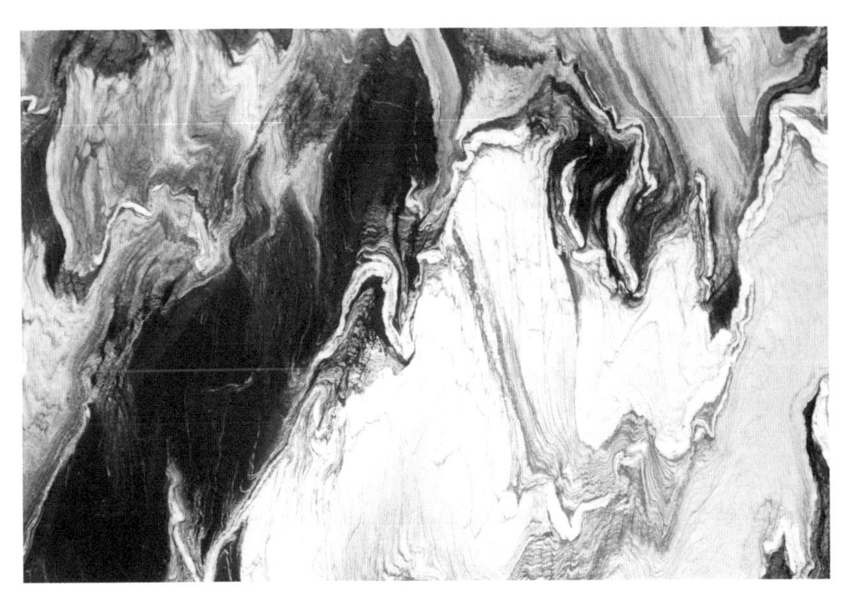

带有花纹的大理岩

包括北京在内的整个华北地区地壳运动活跃，岩浆从地幔不断上涌。之前沉积的石灰岩不断被岩浆烘烤，发生了重结晶作用，其主要的组成矿物方解石晶体变大，使得岩石变得更加致密和坚硬，最终形成了白色细晶的大理岩——汉白玉。距今几百万年前，地壳再次发生剧烈变动，深埋于地下的汉白玉被抬升到地表，最终被古人发现并利用。

大理岩不都是白色的，有的大理岩还具有各种花纹或者奇特的图案。除了做装饰石材外，有些大理岩还被做成桌面、插屏、文房用品等，为人们的生活增添一种艺术的美感。

延伸阅读 大理岩和大理石不是一个概念

大理岩是变质岩的一种，和我们日常所说的大理石并不是一个概念。我们日常所说的大理石是一类光滑美观的建筑用石，有的是大理岩，但也有岩浆岩、沉积岩或其他变质岩。还有的大理石是人为填压形成的人造石。

大理石有无辐射，这是人们关心的问题。这主要是因为岩石材料中含有放射性同位素，在不断衰变过程中会释放对人体有害的粒子流。各种岩石由于是地质作用形成的，因此或多或少都有辐射。其中，岩浆岩的辐射通常大于沉积岩和变质岩。对于大理石来说，如果其取材于大理岩，其辐射量不足以对人体健康产生危害。但一些人造大理石则会含有毒害物质，因此使用时需要注意。

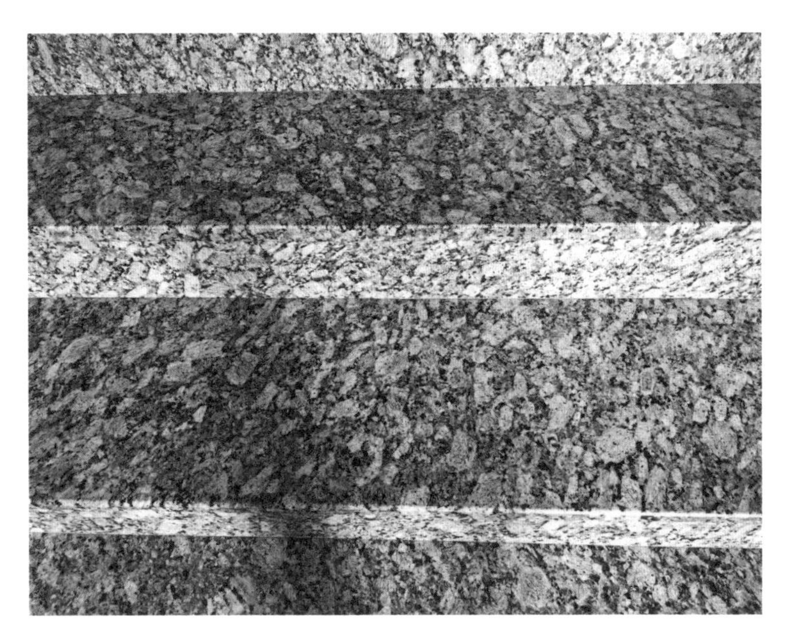

人造大理石

雨花石

《红楼梦》中的“通灵宝玉”

想一想:

你还记得《红楼梦》中贾宝玉摔玉的情节吗?

贾宝玉佩戴的玉是什么石头呢?

你或你的朋友是否收藏过一种产于南京的光滑润泽并带有花纹的石头?这种石头为何主产于南京呢?

“我是一颗小小的石头，深深地埋在泥土之中，千年之后、繁华落幕，我还在风雨之中为你守候……”这首《雨花石》相信很多小朋友都听过。什么样的石头才是真正的雨花石？它又是如何形成的呢？

雨花石别名“文石”，其主要成分为二氧化硅（化学符号为 SiO_2），还含有少量的氧化铁（Fe_2O_3）及微量的锰（Mn）、铜（Cu）、铝（Al）和镁（Mg）等，是一种由石英、玉髓和燧石或蛋白石混合形成的卵石。其中，铁离子和亚铁离子呈红色，锰呈紫色，而铜则呈现出蓝色……

知识小贴士：雨花石

雨花石可分为细石和粗石两类，细石以玛瑙为主，颜色艳丽，磨圆度高，石质细腻；粗石以石英岩或变质岩为主，石质较粗。美丽的雨花石中常呈现出各种山水、人物、鸟兽或树木等景象，因其成分复杂，颜色极其艳丽秀美，故又有“雨花玛瑙”的美名。

雨花石从孕育到形成，经过了搬运、磨蚀、沉积这三个复杂而漫长的阶段。它是地质作用的结晶，也是沧海桑田的见证。经地矿学家考证，雨花石的形成可追溯到距今约 300 万年，地底岩浆从地壳薄弱处喷出，高温的岩浆凝固后会留下大小不一且数量众多的孔洞（玄武岩等），经过流水千涧百溪的搬运和磨蚀，涓涓细流沿孔洞渗进岩石内部，将其中的二氧化硅慢慢分离出来，逐渐沉积形成以二氧化硅为主要成分的石英、玉髓和燧石或蛋白石的混合物。

我国四大名著之一的《红楼梦》（又名《石头记》）中有一块非常有名的雨花石——通灵宝玉。这块通灵宝玉来历非凡，传说女娲补天时共炼制了三万六千五百零一块石头，补天用去三万六千五百块，剩下的一块顽石便是通灵宝玉。《红楼梦》第八回中对其有详细的描述：大如雀卵，灿若明霞，莹润如酥，五色花纹缠护。

通过文字描述，有学者判断其就是产自南京六合的雨花石。雨花石通常呈流线型，晶莹剔透，而且往往有彩色条带，这与《红楼梦》中的描述完全契合。

晶莹剔透、绚烂多彩的雨花石深受人们的喜爱，关于雨花石的美好传说还有很多很多。如今，人们对雨花石的研究越来越深入，对雨花石的了解也越来越多，相信终有一天会解开雨花石身上的所有秘密。

延伸阅读 玛瑙为什么会有很多条带？

一些具有条带的雨花石其实是玛瑙。玛瑙的典型特征之一是具有很多条带。关于条带的成因，有学者认为和多期岩浆作用有关。当岩浆流入岩层中的孔隙时会结晶形成一层玛瑙。而下一次岩浆再次结晶又形成一层玛瑙。由于岩浆成分的差异，两层玛瑙在颜色上存在差异。这样多期岩浆不断结晶，最终就形成了条带状玛瑙。

玛瑙

燧石

孟郊《劝学》中的打火石

想一想:

“击石乃有火，不击元无烟。”这句古诗表达了怎样的寓意?

原始人除了钻木取火，还有什么取火方式?

这种能打火的石头是什么岩石?

击石乃有火，不击元无烟。

人学始知道，不学非自然。

万事须己运，他得非我贤。

青春须早为，岂能长少年。

这是唐代诗人孟郊所作的《劝学》。诗中开头以敲击石头能打火，不敲则一缕青烟都冒不出说明了要不断学习、不断实践的重要性。孟郊自己是通过不断学习而终于金榜题名。其实，在茹毛饮血的时代，古人就是通过生产实践活动获取很多自然科学知识，从而不断提高生产力，进而从蛮荒走向文明，其中对于火的取用永载史册。

或许很多人认为古人主要依靠钻木取火，但是考古发现证明，古人使用最多的就是敲击石头产生火星来取火。那么，为什么敲击石头能取火呢?

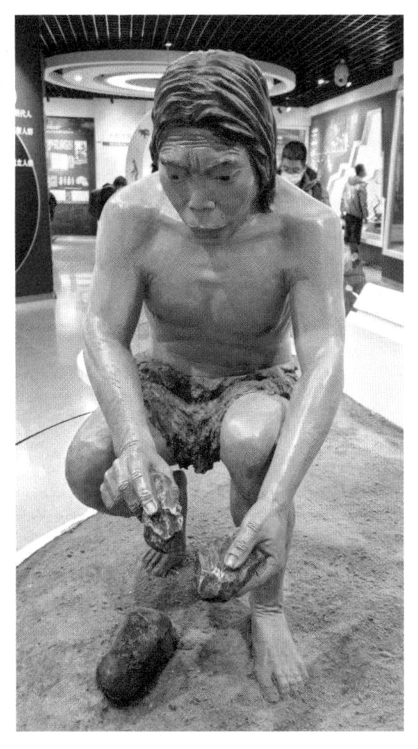
敲击燧石是古人取火的主要方式

什么是“火”？火就是燃烧的现象，也就是可燃物与空气中的氧气发生发光发热的氧化反应。要想取火，需要有三个条件，即氧气、可燃物及一定的温度使得可燃物达到燃点。氧气存在空气中，可燃物在自然界中有不少，如枯树枝。因此，需要人为提供的就是温度，而温度其实是一种热能，可以通过机械能转化而来。人们敲击石头取火，包括钻木取火就是将机械能转化为热能，使得可燃物达到燃点。

什么石头能打火呢？根据岩石学研究发现，能够打火的石头是燧石，为一种坚硬的硅质岩石。我国很早就有火祖燧人氏取火的传说：传说远古的商丘一带布满山林，有不少燧石裸露在外，部落成员用石块追打野兽时，石块和燧石相撞发出火光，点燃了枯木，他们从中得到启发，发明了击石取火。

燧石为什么能取火呢？主要原因是其质地坚硬，在相互敲击过程中更易将这种机械能转化为热能，而不是受力就发生碎裂。此外，这种岩石的碎片非常锋利，也是制作石器的良好材料，因此燧石在人类文明史上留下了浓墨重彩的一笔。根据地质学研究发现，燧石是含有二氧化硅的溶液不断沉淀而成的，在一些海洋沉积的沉积岩层中往往有燧石条带分布。

燧石为一种硅质岩

就像对燧石的发现和利用一样，经过几千年的野外实践与学习积累，人类逐步认识并学会利用各种自然事物、自然规律为生产生活服务，才有了今天的现代化。正如孟郊《劝学》中所言“青春须早为，岂能长少年”，每个人都应珍惜现在的时光，努力学习，让千百年来积累的知识不断传承和发扬，为更好的明天吹响号角。

野外地层中的燧石条带

延伸阅读 燧石的形成可能与远古海洋中微生物活动有关

在天津蓟州区，地质学家发现中元古代地层（大约十几亿年前）中有大量的燧石条带，而通过对岩层中化学成分的分析，一些学者提出了远古海洋中蓝细菌的生命活动是导致燧石形成的原因。燧石的形成其本质是含有二氧化硅的岩浆不断沉淀的结果，而促使海水中二氧化硅沉淀的根本原因是生命活动形成的大量有机质，改变了海水的酸碱度，使得二氧化硅在水中的溶解度变小。这个结论还需更多的研究成果来证实。

岩石圈的运动与地貌景观

地球的岩石圈在不断运动之中，首先受到空气、流水、生物及温差等作用而不断破碎、搬运，又不断沉积成岩，呈现出一种循环过程。同时，受到板块作用的影响，海陆会发生变迁。

很多著名的自然景观都是地壳运动的结果。为何杜甫能在泰山之顶发出“会当凌绝顶，一览众山小”的赞叹？是什么作用塑造了庐山“横看成岭侧成峰，远近高低各不同”的山景？滴水穿石是什么作用？它会塑造出怎样的地貌景观？沧海为何会变桑田？有哪些地质体可以佐证曾经发生过沧海桑田的变换？本章内容将给出答案。

岩溶作用

“滴水”为何能够“穿石”？

想一想：

你了解“水滴石穿”这个成语的来历吗？

滴水为何能够击穿石头？

“水滴石穿”这个成语大家都耳熟能详，它出自宋代罗大经《鹤林玉露》。后来，这个成语又被写成了一则寓言故事，寓意做事贵在坚持。

水滴石穿是人们通过长期观察发现的一种现象，看似柔弱的水滴长年累月却能够将石头击穿，令人不可思议。因此我们有必要弄清水能穿石的原理。滴水之所以能穿石并不是靠冲击力，而是靠溶蚀能力。

自然界中的水一般并不纯净，里面会有一些化学物质，特别是空气中的二氧化碳气体溶于水中，会发生化学反应，形成碳酸。酸对构成岩石的矿物具有腐蚀能力，特别是石灰岩。我们不妨做一个实验：在石灰岩上滴一滴稀盐酸，会发现石头上冒出很多小气泡，这就是组成石灰岩的物质（碳酸钙）与酸进行反应释放出二氧化碳的结果，这也是滴水之所以能够穿石的根本原因。

滴水穿石虽然在我们看来过程极为缓慢，但是日积月累的确能够产生很大改变。例如，在石灰岩分布区常常会发现巨大的溶洞。这些溶洞就是含有二氧化碳的酸性水沿着岩石裂隙进入，对岩石长年累月溶蚀的结果。我们若是泛舟桂林漓江之上，就能够看到两岸造型奇特的山峰。这些山峰以前是连在一起的大块岩石，后来受到水的侵蚀，不断发生崩塌。此外，像石林景观、天坑、天生桥等地貌景观的形成也都与水对岩石的溶蚀作用密不可分。地质学上将水对于岩石以化学溶蚀为主、物理冲蚀为辅的地质作用称为岩溶作用，由此形成的地貌景观称为岩溶地貌，也称为喀斯特地貌。

溶洞是滴水穿石的杰作（北京石花洞）

石林景观

当然，滴水不仅能够穿石，还可以成石。当水中溶解的碳酸钙过多（化学上称为过饱和），就会发生沉淀作用，就像我们烧开水的壶底经常会结一层水垢一样。在溶洞中，我们看到的钟乳石、石笋等景观，也是滴水成石的结果。

溶洞中的钟乳石是滴水成石的结果

延伸阅读 从滴水穿石开始的一个地貌演变过程

从水滴沿着岩石裂隙开始溶解，岩溶地貌便开始发育。随着裂隙扩大，会在山体内形成小型崩塌，便形成了溶洞。溶洞会不断扩大，最终洞顶塌陷形成天坑，而残存的洞口会形成天生桥景观。随着岩溶作用继续，崩塌进一步发展，可以将一座山分割成一座座底部相连的小山，即峰丛景观。因此，各种岩溶地貌不是单独存在的，而是有着前后演变的关系。

天生桥

岩溶地貌

传说中的刘三姐的故乡有着怎样的迷人山水？

想一想：

你听说过刘三姐的传说故事或是看过和刘三姐有关的艺术作品吗？

刘三姐的山歌好比春江水，和她的生活环境有何关系？

刘三姐的家乡为何有如此美丽的山水呢？

刘三姐是广西一带壮族民间传说中的美丽女子，因擅长编唱山歌而被当地奉为“歌神”。刘三姐的故事从唐宋时期开始流传，如今作为一个延续千年的文化符号，已经入选我国首批非物质文化遗产。逾半个世纪以来，以刘三姐为题材的影视作品、舞台剧和歌曲层出不穷，从电影《刘三姐》到桂林大型实景演出《印象刘三姐》，再到歌曲《山歌好比春江水》……刘三姐成为“美”的代名词，不仅人美歌美心灵美，其生活的家乡也是山美水美。可以说，刘三姐的个人魅力因为美丽山水的映衬才更加凸显。那么，刘三姐的故乡为何有如此美丽的山水呢？

广西作为华南地区的沿海自治区，区内山峰峻峭、流水蜿蜒，或许正是这种山水深刻影响着广西人民的生产生活方式，也塑造着人们的精神风貌。广西美丽的山水其实是一类重要的地貌类型——岩溶地貌。

岩溶地貌是以石灰岩为代表的可溶性岩石受到流水的侵蚀作用而形成的各种地貌，包括峰林、峰丛、溶洞、天坑、天生桥、石芽、石林及钙化堆积等。广西地区石灰岩分布广泛，加

桂林漓江两岸的峰丛地貌

之水资源丰富，分布着很多岩溶地貌。在电影《刘三姐》中，我们可以看到歌唱家黄婉秋扮演的刘三姐站在一叶小舟上放声歌唱，背景则是蜿蜒的河道及两侧秀美的造型山峰。这里的山体并不十分高大，但是很秀美，并且一座座山底部连在一起，沿着江水两岸连续排布。这种山少了一分巍峨，但多了一分柔情，配上甜美的歌声，构成了有声的立体画卷。由于山峰绵延，歌声经过反射作用能够在山间回荡许久，就像一首歌中唱的那样：“唱山歌来，这边唱来那边和，那边和，山歌好比春江水，也不怕险滩弯又多喽弯又多。”

桂林月亮山

电影《刘三姐》的外景地就是美丽的桂林山水，这里的地貌类型属于岩溶地貌中的峰丛地貌。这种地貌的形成也是地球历史变迁的记录。大约 4 亿年前，广西地区还是一片海洋，因为海洋的化学沉积作用形成了厚重的石灰岩。大约 3 亿年前，受到地壳运动的影响，这片石灰岩被抬升出地表，并且由于地壳运动而不断产生裂隙，导致崩塌，后来漓江穿越这片山峰，由于流水侵蚀，岩石加速崩塌、溶解，最终形成了今天的美丽山水奇景。如今这片山水奇景已成为世界闻名的旅游景区，并且成为第五套人民币 20 元的背景图案。

延伸阅读 刘三姐的故乡除了桂林山水外，还有哪些岩溶景观？

广西除了从桂林到阳朔的峰丛地貌外，溶洞、天坑、石林景观也十分丰富。在桂林有芦笛岩和七星岩两大溶洞，芦笛岩中石笋和钟乳石十分壮观。乐业有“奇、秀、幽、野”的天坑群，玉林则有怪石嶙峋的石林。以上这些都是著名的旅游景点。

广西乐业天坑

地质作用

“海枯石烂”真的能发生吗？

想　想：

你知道“海枯石烂”这个成语的含义吗？

大海真的能干涸，石头真的会腐烂吗？

导致“海枯”和“石烂”的原因是什么？

王实甫的《西厢记》中有“这天高地厚情，直到海枯石烂时”的动人名句；元好问的《遗山文集 · 西楼曲》中也有“海枯石烂两鸳鸯，只合双飞便双死”的诗句。“海枯石烂”的意思是海水干涸、石头腐烂，形容历史久远，比喻意志坚定永不变，常用于盟誓，特别是男女爱情的盟誓。和“海枯石烂”相似的一个成语就是“山盟海誓”。

高山、岩石、大海，这些自然事物在普通人眼中是不变的，象征着永恒。然而从地质学的角度看，它们只是不断变化的自然事物中的一个阶段而已，山可无、海可枯、石可烂，当然这需要历经久远的时间。很多地质过程别说是在一个人的有

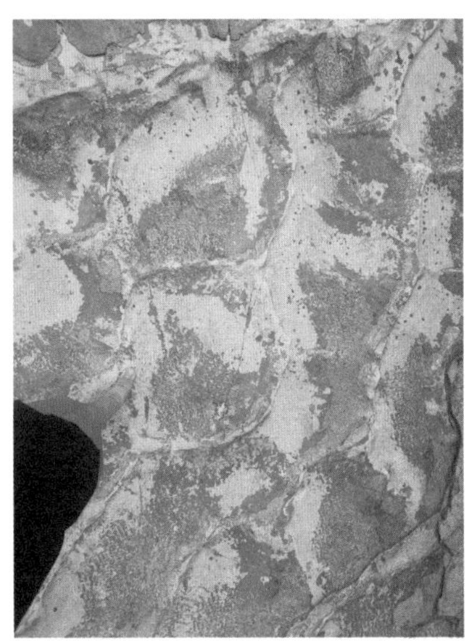

海相沉积岩中的波痕与泥裂构造

生之年内，就是在人类整个文明史乃至演化史中，也很难见证其发生。

我国有很多石灰岩山脉，这些石灰岩是远古大海中碳酸盐物质的沉淀，可以看作大海中结成的水垢。在有些石灰岩中还能找到三叶虫、直角石、鱼龙等远古海洋生物的化石，足以证明这是远古大海留下的痕迹。此外，科学家在地中海钻探时，发现海底有一个层位埋藏着一种淡水有孔虫的化石，说明地中海曾经干涸过一段时间，并且局地被陆地的淡水所覆盖。更为重要的地质证据是，在我国青藏高原地区，科学家们还找到了一种被称为蛇绿岩套的岩石组合体，这是远古大洋地壳留下的残迹，它的存在说明其两侧的陆地曾经隔海相望，后来拼合在一起。

上述发现都说明“海可枯”，而导致“海枯”的原因多种多样。首先，气候变化是一个诱因，当全球气候干旱时，一些被陆地包围、水体较浅的海会由于强烈的蒸发作用而干涸，比如在距今 800 万～550 万年间，地中海由于直布罗陀海峡封闭，海水不断蒸发而逐渐干涸。另外，板块运动导致大陆不断漂移，当两块大陆拼向一起时，大陆间的海洋会逐步缩小并最终消失。

岩石风化形成的刀砍纹

在野外，面对大块山石，我们似乎脑海中会想到诸如“坚如磐石”这样的成语。岩石在我们眼中是坚硬物体的代表。但是在风吹雨打的自然力作用下，岩石也会“腐烂”——岩石会逐渐出现裂隙，最终破碎成小块，被风和流水搬运到其他地方。导致“石烂”的重要原因是风化作用，风化作用可分为物理风化、化学风化和生物风化。物理风化包括流水的冲击、风沙的旋蚀及巨大温差导致热胀冷缩作用；化学风化就是流水中的化学物质与岩石中的矿物发生化学反应；生物风化包括植物的根劈作用、植物酸的溶解作用及动物挖掘活动等。

树木的根劈作用

构造应力导致岩石断裂破碎

由此可见，海和石头都会不断变化，它们都有形成、发展和消亡的过程，只不过时间相对漫长，以人短暂的生命为尺度来衡量，它们是相对不变的。

延伸阅读 “海枯石烂”的杰作

在我国很多地方都分布着大量海洋沉积的石灰岩，在地壳运动和风化作用下，这些石灰岩不断被剥蚀改造，形成了绝美的地质景观，这类地质景观可以被认为是“海枯石烂”的结果。例如，北京房山石花洞发育在奥陶纪沉积的海相石灰岩中，桂林山水的造型山峰是泥盆纪海洋沉积的石灰岩，广西乐业的天坑发育在泥盆纪石灰岩分布区。此外，产自江苏太湖沿岸的太湖石是三叠纪形成的石灰岩经过雕琢而成。

海洋的演化

“沧海”为何变“桑田”？

想一想：

你知道“沧海桑田”这个成语的来历吗？

沧海为何能变桑田呢？

桑田反过来能变沧海吗？

对于“沧海桑田”这个成语想必大家耳熟能详，它比喻事物发生了巨大的变化。这个成语出自晋代葛洪的《神仙传·麻姑传》，讲述了两个仙人的故事：有两个仙人，一个叫王远，一个叫麻姑。一次，他们相约到蔡经家饮酒。席间，麻姑对王远说：“自从得了道接受天命以来，我已经亲眼见到东海三次变成桑田。刚才到蓬莱，又看到海水比前段时期浅了一半，难道它又要变成陆地了吗？”虽然《神仙传·麻姑传》只是一个神话故事，但是里面描述的海洋变陆地在地球历史上是经常发生的。沧海能变成桑田，同样桑田也能变成沧海，这种海陆变迁不仅有大量的地质遗迹作为证据，而且经过地质学家的研

青藏高原上的很多咸水湖都是海洋残留的海迹湖

究，海陆变迁的原因也已揭晓。

为什么会发生海陆变迁？

科学家研究表明，沧海桑田的变换可以发生在局部小范围区域，如沿海地区，也可以发生在广阔区域（大约是一块大陆的范围），变化的时间可以是几十年到几万年，也可以持续几千万年到数亿年。

发生海陆变迁的原因有四种。第一是气候原因导致海平面波动。气候寒冷时，由于很多的水以冰川冰的形式存在，海平面下降，一些曾经被海水淹没的地区便露出；气候温暖时，特别是伴随着冰川融化，海平面上升，一些陆地被海水淹没。第二是局部地区的构造抬升或沉降。这种升降是地壳局部受到拉张或挤压的作用而导致的，有的构造抬升的地区，海水会退去成为陆地，而有的构造沉降的地区会被海水淹没。第三是自然或人为的沉积作用。例如，河流将大量泥沙沉积到海岸地带导致海岸线向海洋推移，而人为填海也会导致海陆变迁。第四是板块运动导致海洋的诞生或消亡。

前三种原因相对于地球来说都是在短时间内发生的。例如，根据科学家计算，由于全球变暖，在未来的几十年内，太平洋的一些岛国将被淹没于水下。又如，通过研究史料发现，由于长江和黄河等河流的沉积作用，我国东部海岸线在几千年来向东推进超过 100 千米。虽然这种变迁的时间相对于我们的一生来说是很长的，但是相对于地球的历史来说只是瞬间发生的事。由于板块运动导致海洋的诞生或消亡是一种大规模的沧桑变换，这种变换以几千万年到数亿年为周期。

“沧海桑田”的证据是什么呢?

沧海桑田可以找到多种地质证据。例如，在我国西南地区的石灰岩层中发现了大量海洋古生物化石，大到几十米长的鱼龙，小到只有在显微镜下才能看清的海洋微体生物，都证明了海洋曾经在这里存在过。当然，地质学上证明存在过古海洋的最有说服力的证据，是一种被称为蛇绿岩套的岩石组合体。

蛇绿岩套由法国地质学家布隆奈尔特于 1827 年提出，字面含义是“蛇纹状岩石”，主要包括枕状玄武岩、蛇纹石化古洋壳残片及深海沉积物。枕状玄武岩，顾名思义，其形态像睡枕，底部平、上面凸起，是海底火山喷发时，熔岩在海水压力下形成的一种特殊形状的岩浆岩。蛇纹石化古洋壳残片就是大洋地壳硅镁质岩石（如橄榄岩、辉长岩）由于构造运动（主要是板块俯冲作用）发生部分变质作用，出现蛇纹石这种新的矿物。深海沉积物就是在几千米深的海盆中沉积的深海软泥形成的沉积岩，这种沉积岩的颗粒粒度较细（为黏土级），代表了安静的深水环境，常含有深海微生物化石。

图 1

图 2

图 3

塞浦路斯的部分蛇绿岩套　图 1 是代表古洋壳的橄榄岩；图 2 是席状熔岩；图 3 是枕状玄武岩和深海沉积物

蛇绿岩套的形成过程是这样的：由于板块运动，两块大陆相互靠近，中间的海洋缩小，最终发生大陆间的碰撞拼合，形成造山带。但是在拼合地方残留着原来古海洋的地壳残片和沉积遗迹——这些就是蛇绿岩套的组成部分。

板块运动使得海洋有生命周期

任何事物都和人一样有“生老病死”，海洋也不例外。加拿大地球物理、地质学者威尔逊系统归纳了海洋的“一生”，将其分为六个阶段，称为威尔逊旋回。

前三个阶段为海洋的形成和扩张阶段，即在拉张作用下形成裂谷，并逐步发育成洋盆的过程。

第一阶段，在拉张作用下，地壳减薄，形成陆内裂谷，如现在的东非大裂谷。有的陆内裂谷最终会发育成洋盆，其过程就是在地壳拉张减薄过程中，地幔物质上涌，岩浆冷凝形成硅镁质洋壳，同时海水灌入。但是也有的陆内裂谷最终会停止发育，其未能走向海洋发展的道路。

第二阶段，随着洋壳的发育，裂谷两侧大陆分裂，形成海峡，如现在的红海和亚丁湾。

第三阶段，海峡继续扩展，典型洋壳发育，洋中脊形成，洋盆进入扩张阶段，如现在的大西洋。

当洋盆扩张到一定程度，其边缘会出现俯冲消减带，至此海洋进入第四、第五、第六阶段，即收缩消亡阶段。

第四阶段，洋盆的一侧或者两侧出现俯冲带，开始俯冲消减。目前世界第一大洋——太平洋就处于这个阶段。

第五阶段，随着俯冲消减，两侧大陆不断靠近，只剩下残留的洋盆。现在的地中海就是新特提斯洋俯冲消减的残留洋盆。

青藏高原造山带

第六阶段，最终洋壳俯冲消减完毕，两侧大陆发生碰撞，形成造山带及高原。阿尔卑斯—喜马拉雅造山带便是这个阶段的典型代表。在碰撞造山带还残留着大洋地壳残片和海洋火山作用形成的熔岩、深海沉积物等被推覆到地表，这就是在野外看到的蛇绿岩套。

藏北地区的蛇绿岩套

延伸阅读 未来预期的沧桑变换

未来沧桑变换依旧会不断发生。从较近的地质历史阶段看，如在几百年到几千年的时间尺度内，随着气候变化，南北极冰川会发生增减，这会对海平面直接造成影响，海岸线会发生明显的变动。特别是近些年随着气候变暖的加剧，海平面由于冰川融化和海水的热胀效应继续上升，一些岛屿和沿海地区会被淹没。

此外，一些地区还会因为地壳沉降而发生海陆变迁。有研究显示，意大利著名水城威尼斯的地壳不断沉降，因此未来可能被淹没在水下。此外，印度尼西亚也在准备迁都，其原因是现在的首都雅加达在沉降，未来也可能被淹。

从一个长时间尺度的角度看，也就是少则几百万年、多则几亿年，在板块运动作用下，地中海最终会闭合，非洲大陆与欧亚大陆也会完全拼合，但是东非大裂谷会发育成新的大洋，非洲东部地区会与非洲大陆分离，形成一块小的“漂泊”于印度洋的地体。再往远看，随着太平洋的不断俯冲消减，大西洋不断扩张，世界第一大洋的宝座最终会由大西洋占据，太平洋在几亿年后会彻底消失。当然，在未来几亿年中，是否还有新的裂谷发育，并形成新的海洋还不得而知。

泰山

东岳泰山有着怎样的地质发展史？

想一想：

你会背多少描写泰山的古诗词？

泰山石作为观赏石的一种，属于什么岩石类型？

泰山有着怎样的地质演化史？

五岳之中，泰山并不是最高的，但是它以巍峨磅礴的气势成了五岳之尊。“诗仙”李白在泰山吟诵出“云行信长风，飒若羽翼生”的名句，“诗圣”杜甫则发出了“会当凌绝顶，一览众山小”的感慨。历代文人墨客不惜用最华美的词句歌颂着泰山。

此外，泰山还以其复杂的地质演化过程和多样的地质现象与地貌景观，成为一本生动的地质史书。

泰山的历史可以追溯到20多亿年前，当时地壳运动比较活跃。泰山地区原本覆盖着厚厚的沉积岩，在岩浆和变质作用下形成了一种名为片麻岩的变质岩，加上之前岩浆作用形成的

泰山顶

岩浆岩体共同构成了泰山的主要岩石类型，即泰山石。大约6亿年前，泰山的地表开始沉降，海水淹没了这块古陆地，变成了一片汪洋大海，并连续沉积成了2000多米厚的地层。此时之前形成的泰山石“沉睡”在地下深处。距今1亿年左右，在强烈的地壳活动影响下，泰山南麓产生了多条断裂带。其中最南侧的称为泰前断裂，泰山山体就是沿着该条断裂抬升的，先前沉睡在地下的片麻岩出露地表，形成了今日泰山的雏形。后经各种外力的综合作用，逐渐雕琢和塑造成现今雄伟壮丽的泰山。

泰山也是民族精神的象征，“轻于鸿毛、重于泰山”便体现了泰山在人们心目中的地位。泰山石自古就成为人们竞相收藏的观赏石。泰山石古朴、苍劲，质地坚硬，基调沉稳，也正是因为具有这样的石质，“泰山”成为“重”的代名词，所谓“泰山压顶”就是比喻面对巨大的压力。从岩石类型看，泰山石包括两种类型：由岩浆侵入形成的岩浆岩以及条带弯曲、图案多样的片麻岩。根据同位素测年，泰山石中最年轻的也有

16亿年之久了，一般年龄在25亿岁左右。

由几块巨型花岗岩塌陷形成的仙人桥

泰山虽然整体上高大挺拔，但也不乏秀美的局地微型景观。从泰山顶部看鲁台西侧，有几块巨石悬空累叠巧接在两个峭壁之间，其状如桥，下为深涧，地势十分险要，好似只有神仙才可以从桥上通行，人们形象地称之为“仙人桥”。在岱顶日观峰东面，有一巨石颇像一把带鞘的利剑斜刺苍天，指向仅仅比正北方向偏差了几度，因此被称为拱北石。此外，还有丹壁如削、形如巨扇的扇子崖。这三处景观的主要岩石类型均是花岗岩，是在风化作用下发生崩塌、剥蚀而形成。

泰山独特的地势、地质遗迹特征对泰山古建筑群、泰山石刻等产生了重要影响，承载了泰山厚重的历史文化。可以说，东岳是一座世上少有的独特地将自然与文化结合得如此完美的人文之山和科学之山。

拱北石

泰山石刻

延伸阅读 岩浆侵入作用

泰山石的形成与岩浆侵入作用密切相关。所谓岩浆侵入，就是地下的岩浆沿着裂隙上涌，但是在到达地表之前就冷凝成岩浆岩了。这与火山喷发明显不同。在侵入岩中，最常见也是和人类生活最密切的是花岗岩，其外观呈现星星点点的状态，常常因为风化作用而呈浑圆状。花岗岩是泰山岩石的主要类型之一，也是构成华山、黄山、沂蒙山山体的重要岩石类型。

泰山的片麻岩

岩浆的侵入携带热量，加之岩浆本身就是多种成分混合在一起的流体，因此岩浆所到之处会导致岩石发生变质作用。泰山石的另一种构成岩石——片麻岩正是变质作用形成的。

可以说，没有20多亿年来多期的岩浆侵入作用，就没有苍劲的泰山石。

火焰山

《西游记》中的火焰山是怎么形成的？

想一想：

还记得《西游记》中过火焰山三借芭蕉扇的故事吗？

火焰山为什么这么炎热？

用假芭蕉扇灭火不成反而使火越烧越旺，这符合科学常识吗？

你还记得小时候看过的国产动画片及经典电视剧都有哪些吗？虽然每个人看过的不一定相同，但是令人印象深刻的一定有《西游记》，无论大人还是小孩，都非常喜欢《西游记》里聪明伶俐、法力高强又活泼好动的美猴王——孙悟空。在他们师徒四人经历的八十一难中，有一难就与火焰山的形成密不可分。

火焰山是新疆吐鲁番盆地最著名的景点之一，主要由红色砂、砾岩和泥岩组成。当地人称它为“克孜勒塔格”，意即“红山”。火焰山呈东西走向，东起鄯善县兰干流沙河，西至吐鲁番桃儿沟，山长100多千米，最宽处达10千米，形成了一条赤色巨龙，平均海拔500米左右。

火焰山所在的吐鲁番盆地是中国的炎热中心，夏季最高气温可达47.8℃，地表最高温度更是可达夸张的89℃，沙窝里就像热灶一样能烤熟鸡蛋。为什么这里会如此热呢？《西游记》中有这样的描述：孙悟空大闹天宫的时候曾被太上老君放入八卦炉中煅烧了七七四十九天，美猴王因此练就了一双“火眼金睛”，在他出炉的时候愤怒地踢翻了八卦炉，有几块耐火砖带着余火落到了凡间的地上，因此便有了“八百里火焰，周围寸草不生”的火焰山。当然，这种说法只是《西游记》中的神话故事。那么，真实的原因是什么呢？

火焰山的形成与唐僧师徒前往的西天天竺国密切相关。与其说火焰山是孙悟空踢倒太上老君炼丹炉惹的祸，不如说是天竺国对他们一行四人的考验。天竺国所在的南亚次大陆原是南半球冈瓦纳古陆的一部分，与现在的非洲、南美洲、大洋洲连为一体。随着大陆裂解和板块运动，南亚次大陆不断北移，从6000多万年前起开始与欧亚大陆碰撞，逐渐形成了世界屋脊——青藏高原及宏伟的喜马拉雅山。由于来自印度洋的暖湿气流被阻隔，火焰山地区变得干旱，造成了今天日照长、气温高、昼夜温差大、降水少及风力强五大气候特点，地表景观也逐渐荒漠化。

《西游记》三借芭蕉扇的故事中，孙悟空用假芭蕉扇扇火焰山，非但不能灭火，反而助长了火势，这其实并非凭空想象，而是源于在火焰山盛行的一种风——焚风。焚风是背风坡盛行下沉气流，在下降的同时增温，形成一种干热风。这种干热风水汽少、温度高，所以有助长火势的作用。火焰山所在的新疆吐鲁番盆地是我国海拔最低的地方，并且整个区域处于青藏高原背风区，焚风效应明显。

火焰山的红色岩石

吐鲁番的火焰山既是因造山运动形成的著名旅游景点，又被赋予了美好的神话传说，充满神秘感，不断地吸引着大量的游客来一探究竟。

延伸阅读　火焰山不仅今天热，远古时期也很炎热

火焰山那浓烈的赤色崖壁让人看上去就会感到热，而红色的岩层也是远古时期气候炎热的标志。在炎热气候条件下，风化作用很强烈，只有最难风化的赤铁矿留在原地，这和红土多分布在我国南方气候炎热区是一个道理。

火焰山的岩层沉积于恐龙时代，而根据地质研究发现，恐龙时代是地球历史上火山活动、板块运动的活跃期，也是气候最炎热的时期之一。像我国的丹霞山、武夷山、龙虎山上的红色山体，都是在炎热气候条件下形成的沉积岩。

丹霞山

庐山

《题西林壁》揭示了庐山怎样的真面目?

想一想:

你会背哪些描写庐山的诗句?

庐山为何有“横看成岭侧成峰”的山景及“飞流直下三千尺”的壮观瀑布?

庐山有着怎样的地质演化史?

“横看成岭侧成峰,远近高低各不同。不识庐山真面目,只缘身在此山中。”庐山绵延起伏的山景吸引着无数的文人墨客。当年苏东坡徜徉在山水间,用诗句描写这座名山,并引发了如何全面认知事物的思考。其实在苏东坡之前300多年,唐代“诗仙”李白晚年就隐居在庐山,望着落差巨大的壮观瀑布吟诵出了“飞流直下三千尺,疑是银河落九天”的浪漫诗句。庐山为什么会呈现“横看成岭侧成峰,远近高低各不同”的形态呢?为何会有“飞流直下三千尺”的壮观瀑布?从地质学的角度看,庐山的真面目是怎样的?

根据地质学研究发现，庐山是由多重地质作用形成的综合山地地貌，其山体为已有悠久历史的变质核杂岩。在构造运动作用下，岩石断裂错动，形成地垒、地堑相间的断块山。站在地堑看地垒构造的断块山体，呈现明显的绵延起伏的山岭，但站在地垒构造的侧面看，则呈现一座座高低不同的山峰。除了断层作用外，流水和冰川的侵蚀作用使得巍峨挺立的山体间有很多千姿百态的中小型地质地貌景观，如冰川作用形成的U形谷、流水作用形成的三级阶梯状地貌。可以说，庐山是亿万年地质作用形成的自然精品。

庐山山景——横看成岭

庐山角峰

知识小贴士：变质核杂岩

关于变质核杂岩，我们可以简单从位置和岩石性质来理解。从位置上看，它位于造山带的核部，或者说位于山体的中心区域。从岩石性质来说，它的主要组成岩石既有岩浆岩，也有变质岩，并且岩石很古老，一般年龄都在十几亿年到几十亿年。这些古老岩石是地球演化早期由于岩浆活动而形成的，但是一直深埋于地下，因高温高压环境，部分岩石发生了变质作用。后来由于造山运动，特别是断层活动使得它们被抬升到近地表位置，并经过风化作用出露于地表。

根据地质学的研究，庐山的形成可以分为岩石形成、山体隆起及后期风化剥蚀作用几个阶段。十几亿年前，因地下的岩浆活动形成大量的岩浆岩，而岩石一直在地下深处“沉睡”，其上不断被新形成的岩石覆盖，由于高温高压环境促使岩石成分发生改变，这些岩浆岩摇身一变成为变质岩。直到2亿年前，由于地壳的强烈拉张作用，庐山地区形成了一系列断层，庐山山体作为断块抬升出地表。之后，庐山经历了流水、冰川的雕琢才变得如此美丽。此外，流水的侵蚀作用及岩性的软硬程度的差异会在山体上形成巨大的陡坎和台阶状地形，从而造就了落差巨大的瀑布，如庐山的三叠瀑布。

庐山三叠瀑布

当年东坡先生感慨，之所以不能看到庐山的全貌是因为身处山中，诠释了要认清事物全貌必须跳出局部的哲理。但是对于地质工作来说，要认识名山大川的真面目，只有走进大山，用地学知识去解析具体观察到的现象，可谓“要识庐山真面目，必须身在此山中”。

延伸阅读 山脉的成因

山脉作为地表的正地形，有两种基本成因：一种是褶皱作用，就像我们从两侧推一本书的两边，书会隆起形成一个弧形；另一种是断层作用，也就是由于岩层错断导致一部分地区下陷成为谷地（地堑），一部分地区抬升成为山（地垒）。庐山属于断层作用形成的地垒。此外，地下岩浆喷出地表的地方会形成火山锥。

当然，很多处于板块边缘造山带上的山脉其成因很复杂，褶皱作用、断层作用及岩浆作用都会参与到造山活动中。

颐和园万寿山

颐和园的万寿山是真山吗？

想一想：

颐和园的万寿山是真山还是人工堆叠的？

颐和园万寿山有着怎样的地质演化史？

亿万年前的颐和园所处的环境是怎样的呢？

作为现存最大的皇家园林，颐和园以其“青山碧波，亭台楼阁”和各种历史故事吸引着来自五湖四海的游客。从 1750

颐和园标志性建筑——佛香阁

年建园算起，这座园子已历经 270 多个春秋轮回。跟着旅游团参观园子的时候，导游会给你介绍颐和园中的万寿山是开挖昆明湖的时候堆叠起来的。那么，果真如此吗？

万寿山虽然不算高，却是颐和园中最重要的组成部分之一，其标志性建筑——佛香阁就坐落在其上。登上万寿山顶，看到裸露的岩石，你会对导游的讲解产生怀疑。通过地质学的研究，科学家们进一步给出了万寿山的岩石年龄——2 亿多年，也就是要在颐和园历史年龄后加 6 个 0。那么，在这漫长时光中，万寿山经历了怎样的沧桑变迁呢？这需要通过研究岩石来找出蛛丝马迹。

万寿山顶的砂砾岩的发育节理和石英脉

仔细观察万寿山顶的岩石，你会发现有些岩石里面还有小的碎石，但是这些碎石并非棱角分明，而是磨圆的砾岩。还有些岩石像是制作的沙雕，里面可清晰辨认出一颗颗砂粒，这就是砂岩。这样的岩石组合是典型的河流沉积产物。此外，岩石比较破碎，有很多裂隙，有些裂隙还相互交叉，这便是在拉张和剪切力作用下形成的节理。在岩石中还经常看到白色的脉状条带，有些白色条带中还新生成了黑色的矿物，这就是岩浆沿着岩石节理灌入冷凝后形成的石英脉，黑色的矿物则是岩浆冷凝过程中析出的含铁矿物，如磁铁矿。根据这些细节，我们可以将万寿山的历史描述出来。

大约 2.5 亿年前，颐和园所处的地区有一条大河，河里的砾石和泥沙不断沉积，经过成岩作用形成的砂岩和砾岩构成了万寿山山体的原岩。后来这些岩石在地质作用的影响下破裂。地下的岩浆沿着这些裂隙灌入冷凝，形成了岩石上的一条条石英脉。在最近的地质历史时期，万寿山作为北京西山的一条余脉抬升出地表，并且与香山、玉泉山连为一体。后来又受到断层作用，万寿山与玉泉山分离，成为华北大平原上的一座小孤山。山前发育的沼泽湿地就是昆明湖的前身。清朝乾隆年间，为了打造这座壮观的皇家园林，人为开挖扩大水域面积，将挖出的土石堆填在万寿山的两侧，最终塑造了今天颐和园的山湖景观。

颐和园万寿山顶远望玉泉山和香山——三者之前是连为一体的

因此，万寿山是真山无疑。它不仅承载着一座举世闻名的皇家园林的气度，更是一本记载该地区 2 亿多年地质演化的教科书。

延伸阅读 寻找远古的河流遗迹

河流的寿命一般只有几万年到几十万年，但是即便很小的河流也会在岩层中留下遗迹，这就是河流沉积物。河流中心会有很多鹅卵石，磨圆度很高，而且分选很好（在一个河段砾石大小相近）。在河流边缘则是泥沙。因此，当我们看到一个沉积岩层剖面既有分选磨圆的砾石层，也有砂岩、泥岩层时，可以判定这很可能就是一条远古河流留下的沉积剖面。此外，由于流水的作用，在岩层中还会留下交错的纹层，地质学上称为交错层理。

颐和园万寿山的砾岩——这些砾石都是古河道中的砾石

地质灾害

哪些成语描述了地震及其引发的地质灾害？

想一想：

你知道哪些描述自然灾害的成语？

地动山摇、山崩地陷、翻江倒海的景象形成的原因是什么？

地震对于人类来说只是灾难吗？

毫无疑问，在自然力量面前，人类是弱小的。从古至今，人类经历了大大小小无数的自然灾害。在浩如烟海的成语中，有些就是源于对自然灾害的描述。我们对这些成语进行仔细解析，会发现很多成语并非夸大其词，而是对自然现象真实的记录。

“地动山摇”就是对地震的描述，指在地震发生时大地震颤，大山摇摆。此成语出自宋代欧阳修的《欧阳文忠公集·奏议集·一二·论修河第一状》：“臣恐地动山摇，灾祸自此而始。”此外，这个成语也比喻形势发生巨大变化，动摇了之前

汶川地震遗址

的基础。然而，仔细品味，你会发现这个成语不经意间描述了两种地震波——纵波（P 波）和横波（S 波）。“地动”也就是大地在震颤，而导致震颤的原因就是地震的纵波。“山摇”也就是大山摇摆，摇摆是一种左右运动，是地震横波造成的。纵波的传播路径几乎是直线，波通过物体内各个质点疏密的变化完成传播。横波的路线则是左右摆动的一条曲线，其从震中到地表行进的距离要大于纵波。因此当地震发生时，纵波往往先于横波到达地表，也就是先“地动”，再“山摇”。

“山崩地陷”即“山岳崩倒，大地塌陷”。罗贯中在《三国演义》第 94 回有这样的描述：“忽然一声响，如山崩地陷，羌兵俱落于坑堑之中。”山崩地陷看似和地动山摇类似，但是它们所反映的灾害类型却不尽相同。后者反映的是地震，而前者则反映了由地震等自然因素或人为因素引发的块体运动。块体运动，英文为“mass movement”，是指在重力作用下岩土发生运动的过程。块体运动往往会威胁人类的生命财产安全，是常见的地质灾害，如崩塌、滑坡等。此外，地下因为自然或人为因素被掏空，导致地表发生塌陷，也会带来巨大灾难。所以成语“山崩地陷”就是描绘这些地质灾害的。

崩塌作用形成的倒石堆

成语“翻江倒海”形容水势浩大，比喻力量或声势非常壮大，出自唐代李筌的《太白阴经》，里面有“东温而层冰澌散，西烈则百卉摧残，鼓怒而走石飞沙，翻江倒海”的记载。此外，我们熟悉的哪吒能将风平浪静的大海闹得翻江倒海。2004年底，自然界给印度洋沿岸的人们上演了一次“翻江倒海”。当年12月26日，发生了印度洋大海啸。巨浪拍打岸边，淹没了许多房屋，并吞噬了22万人的生命。这次那个闹海的“哪吒”是发生在印尼苏门答腊的大地震。地震由断层运动引发，使400千米长、50千米宽的海床上升了大约5米，将超过1000亿吨的海水提升到海平面以上，这种“倒海”会产生巨大的能量，形成海啸波。海啸波在深海区并不明显，但是在接近岸边时因为水深急剧减小会形成10米高、5千米宽的巨浪，最终酿成了惨剧。

发生过滑坡的山体

总之，地震及其诱发的地质灾害在威胁人类生命财产安全的同时，也让人们对大自然产生了敬畏之心。对灾害的描述和探索也成了人类文化和科技发展史的一部分，关于灾害的成语就是其中的一个例子。

延伸阅读　地震对于人类来说只是灾难吗？

地震可能会造成地动山摇、房屋倒塌，同时还可能会诱发山崩地陷、翻江倒海，进一步加重灾害，但是地震还有对人类有利的一面。由于地震以波的形式传播，波在遇到不同性质的物体时，其传播速度和方向会发生改变，因此利用地震波可以探明地下的状况，为找水找矿服务。

有时候，在工程勘探过程中还会通过爆破等手段人为制造一些地震，通过接收器接收地震回波。

沙漠地貌

为什么沙漠能成为艺术的源泉？

想一想：

沙漠被称为生命的禁区，但是为什么众多的古诗、文学作品都以风沙和沙漠为题材呢？

你会背诵的有关沙漠的古诗有哪些？

你会唱的关于沙漠的歌曲有哪些？

沙漠，气候干旱、植被稀疏，地表是被绵延起伏、形态各异的砂粒覆盖的广袤荒原。沙漠不仅占据三分之一的地球陆地表面积，影响着人类的生产生活和文明发展，还成为人类文化和艺术的源泉。像“昼伏宵行经大漠，云阴月黑风沙恶”“大漠孤烟直，长河落日圆”这样传诵千百年的边塞诗不仅生动描写了沙漠的荒凉景象和风沙，更展现了戍边将士的艰辛和不易。

如今一些广为传唱的流行歌曲还会借用沙漠及沙漠中的地质过程来传递伟大的爱情。“你是风儿我是沙，缠缠绵绵绕天

沙漠景观

涯”是电视剧《还珠格格》中蒙丹和香妃的爱情誓言。“风吹来的砂，穿过所有的记忆，谁都知道我在想你……”这首经典老歌《哭砂》源于一名女子与其长年漂泊海上的丈夫的故事。如今，沙漠还成了重要的旅游景观、重要的科研基地和重要的矿产资源赋存地。上述这一切都源于沙漠中的各种地质作用和地质过程。

组成沙漠的主要物质，我们俗称“沙子”。从地质专业的角度来说，沙子是砂级的沉积颗粒物，其粒径在 0.075 ~ 2 毫米。这些砂级沉积颗粒物远看大体相同，但是细看它们之间差异明显，不仅形状有球形、长条形、锥形等，颜色也五花八门。“沙子”是什么？从成因上看，沙子可以看作破碎的岩石。

岩石是由矿物组成的，每个颗粒其实都是组成原来一大块岩石的矿物碎屑。其中，石英这种矿物不仅在自然界分布广泛，是主要的造岩矿物，而且抗击风化能力很强，故而大部分沙子都是石英粒。其次是长石粒。

要形成沙漠还需要自然条件。首先，要有自然营力将各地的沙子集中在一个地方。风就是这样的地质营力。由于砂级物质重量轻，这些颗粒物可以悬浮的方式被空气搬运，即所谓的飞沙走石。而这些沙子停留的地点也有条件限制。一方面要气候干旱，另一方面要有足够的地方承载这些沙子，更为重要的是，要有有利的地形地貌将风沙挡住，使其能停留在里面。我国的一些内陆盆地，特别是塔里木盆地就具备这样的理想条件，因此我国最大的沙漠——塔克拉玛干沙漠就位于该盆地之中。

沙漠中的风蚀蘑菇

在沙漠中会形成一座座沙丘。丹尼斯·维伦纽瓦导演的电影《沙丘》在第 94 届奥斯卡金像奖的颁奖典礼上一举拿下最佳摄影、最佳视觉效果等 6 项大奖。其影片中超现实的“沙漠星球”的景色都来自实景拍摄。沙丘是在风力作用下沙粒堆积而成的垄状地貌，形态各异。最常见的沙丘是新月形，顾名思义，这类沙丘平面形态酷似新月。沙丘的迎风面凸出，坡度较缓；背风面下凹，坡度较陡。沙丘的两端还有两个尖角（称为“丘臂”）指向下风方向。

沙丘

正是因为沙漠中独特的地貌景观和地质过程，使得沙漠不仅对人有很强的吸引力，并且展示出一种荒凉之美，因此成为人类文化艺术重要的素材。

延伸阅读 沙漠带给我们巨大的财富

经典老歌《爱的奉献》中有一句歌词是这样唱的："在没有心的沙漠，在没有爱的荒原，死神也望而却步。"说起沙漠，很多人都会用"荒凉""死气沉沉""生命禁区"等词汇形容。但是从地质角度看，沙漠却是大自然赐予人类的财富，是穿越岁月的"爱的奉献"。

沙漠是重要的旅游景观

雅丹地貌景观

沙漠是重要的旅游景观，从宁夏沙坡头到内蒙古响沙湾，从甘肃鸣沙山到新疆魔鬼城，每年吸引着大量游客。沙漠地表虽然荒凉，但是资源非常丰富。我国的塔里木盆地、阿拉伯半岛的荒漠都是重要的油气产出区。沙漠环境还有利于化石形成。因为化石的形成首先需要生物体突然死亡并被迅速掩埋，而沙尘暴往往能创造这样的环境。我国内蒙古、新疆等地出土的很多恐龙和恐龙蛋化石都特别完整，它们都是被亿万年前沙漠中的黄沙掩埋的。此外，我们的建筑用砂很多也取自沙漠之中。沙漠还是一种文化符号，承载了绵延几千年的丝绸之路的文化符号。

科学家是如何揭开地球奥秘的

在认识地球的过程中，人们不断有新的探索和发现，并逐步形成了地球科学的思想方法。虽然现代地质学才创建不过几百年，但是人类对地球及各种地质现象的观察早就开始了，不论是1600年前郦道元在《水经注》中对大同火山的记载，还是沈括对于新芦木化石的描述，抑或徐霞客对于溶洞成因的探索，都是古代科学发展的闪光点。

当然，近代地球科学的发展也离不开从西方引入的先进的研究方法，从斯坦诺的地层叠覆律到史密斯的化石层序律，再到魏格纳的大陆漂移说，这些理论为人类科学认识地球奠定了基础。近代以来，我国地球科学研究取得了丰硕成果，李四光的地质力学理论在国际地质学界具有广泛影响。

地球科学是实践的科学，野外是地质人的工作室、实验室和家园。那么，野外地质工作都做些什么呢？本章内容将给出答案。

发现火山

郦道元《水经注》里记录的“火井”是什么？

想一想：

你读过《水经注》吗？你对里面记录的哪些地理事物感兴趣？

《水经注》中记录大同地区曾经有“火井”和“汤井”，这是什么地质现象？

我国境内在千百年前真有活火山吗？

地理学家郦道元出生在一个官宦世家，幼年时随做官的父亲来到山东。他热爱大自然，长大做官后游历的地方更多，每到一地都注意观察和积累大量的地理资料。他勤奋好学，广泛阅读各种奇书，年少便立志要为西汉后期桑钦编写的地理著作《水经》做注，在编纂《水经注》时他引用的历史文献和资料多达480种（前人著作达437种之多），而他亲身考察所得到的资料更是这本书的精粹。

《水经注》中记载有他在山西大同考察时发现的一种“怪现象”——“火井”。原文是这样记载的：“山上有火井，南北六七十步，广减尺许，源深不见底，炎势上升，常若微雷发响。以草爨之，则烟腾火发。”也就是说，山上有燃烧的“井”，热气从井底上升，而且常常发出闷雷般的响声，这些特征表明所谓“火井”就是有喷发活动的活火山口。火井所在位置在今天的山西大同，此地仍残留着数个火山锥，只不过这些火山今天已经不再活动，沦为休眠火山。

火山是灾难与希望的化身，既给人类带来毁灭性的灾难，又给人类提供不可或缺的重要资源。火山雄壮美丽，令人叹为观止。火山其实是岩浆活动穿过地壳，到达地面且伴随有水汽、熔浆团块、石块、晶屑和灰渣等物质喷出地表，形成特殊结构和锥状形态的山体。相传在古罗马时期，人们看见火山喷发的现象，便把这种山在燃烧的原因归结为火神武尔卡发怒。意大利南部地中海利帕里群岛中的武尔卡诺火山便由此得名，同时武尔卡也成为“火山”一词的英文名称 volcano 的来源。

火山按活动情况被分为死火山、休眠火山和活火山。死火山是指自上一次喷发距今至少 10 万年，现在已不再活动的火山。休眠火山是指在人类历史上曾经喷发过，迄今处于休眠状态，随着地壳的变动会在某一天突然再次喷发的火山。时常或者周期性喷发的火山，被称为活火山。显然，按照这个标准，《水经注》中记载的大同“火井”应属于休眠火山。

火山的成因归根结底就是地壳运动导致岩浆上涌，并喷出地表。岩浆上涌的地点位于地壳活跃地区，如板块的边界区，由于板块的相互碰撞或者分离，导致岩石圈之下软流圈的物质上涌，有的还未喷出地表就冷凝成岩石，有的则一直沿着一条通道（如大的断裂带）到达地表，并喷涌而出。

延伸阅读 我国境内曾经有活火山吗？

目前，我国境内只有台湾地区有活火山，而在近亿万年内，我国境内其他地区也有火山活动的记录。除了被郦道元记录的大同火山外，长白山天池和黑龙江五大连池在较近的地质历史时期也有喷发活动。明代地理学家徐霞客在云南腾冲也观察到火山活动，当他到达云南腾冲打鹰山时，听说山上有时常喷冒蒸汽的深潭，还曾引发过一场大火，于是他登山观察，发现了赭红色满是气孔的浮石，分量很轻。

五大连池的熔岩

远古时期，我国火山活动更为剧烈，其留下的最直接证据就是火山喷出岩或者由火山灰形成的凝灰岩。比如四川峨眉山满山都是玄武岩，北京延庆出露大片安山岩，辽西地区的化石保存在火山凝灰岩中。

北京安山岩

打开史前世界大门的钥匙

“化石”一词从何而来？

想一想：

我们在博物馆看到的恐龙骨骼、猛犸象象牙、三叶虫石板都被称为“化石”，英文是 fossil，你知道“化石”一词从何而来吗？

1000 年前，我国科学家沈括对于化石的认识是怎样的？

现如今，虽然人类已经有了几千年的文化史和 700 万年的物种演化史，但是对于人类之前持续了 38 亿年的史前生命世界，我们如何去研究呢？或许你会说通过化石。不错，化石是远古生命留给我们的遗迹，但是仅仅有这些遗迹而没有研究原理也是不行的。那么，研究史前世界的基本原理是什么呢？今天我们讲的这件化石就会告诉你。

古代生命留在地层中的遗体和遗物，在英文中叫 fossil，而在中文里叫化石。“化石”一词从哪里来呢？这还要从将近

1000 年前的一部科学著作说起。北宋的政治家、科学家沈括曾在《梦溪笔谈》中描述他在陕西任职期间发现的一种“竹笋化石”：“近岁延州永宁关大河崩岸，入地数十尺，土下得竹笋一林，凡数百茎。根干相连，悉化为石。”土中的“竹笋”都变成了石头，这是沈括的认识，“悉化为石”即为“化石”一词的词源。

被沈括误认为竹子的新芦木

沈括看到的土中的“竹笋”到底是什么呢？古生物学家通过赴陕西延川县延水关地区实地考察得出结论，“悉化为石”的“竹笋”是一种古代蕨类植物——新芦木。新芦木是蕨类植物门楔叶纲已经灭绝的一种草本植物，它的茎像竹子一样分节，枝有营养枝和生殖枝之分，轮生在茎上，叶细长——这种形态很容易让人联想到竹子。

当然，通过今天的植物分类学进行比较研究，我们知道虽然新芦木和竹子外貌酷似，但是它们属于完全不同的两种植物。竹子是最高等植物类群——被子植物门的一员，新芦木则是蕨类植物。此外，两者的枝干上节、枝条着生的方式和叶片其实都有着巨大的差异。换句话说，它们其实连一点亲缘关系都没有。这可以说是沈括判断上的一个错误。虽然在生命

竹子

科学高度发达的今天，这样的错误确实荒谬可笑，但是考虑到1000年前生物分类学还未建立，这样的错误就可以理解了。

木贼是和新芦木最接近的植物

值得一提的是，沈括还做出了大胆的推断：“延郡素无竹，此入在数十尺土下，不知其何代物。无乃旷古以前，地卑气湿而宜竹邪？”也就是说，干旱的陕西延州是没有竹子生长的，而在土中发现了成片的“竹子”化石，说明这里在远古时期地势低洼，气候温暖湿润，适宜竹子生长。沈括的祖籍是浙江，他熟知江南地区竹林生长的气候环境。因此他根据今天竹子的生长环境来反推陕西延州的古环境，这种思想正是我们要讲的研究史前世界的基本原理。那么，这到底是一种什么思想呢？

沈括于1095年去世，而在他去世后735年，也就是1830年，英国伟大的地质学家莱伊尔在他的著作《地质学原理》中系统阐述了这种思想："今天发生的地质现象在古代也以相同的速率发生着。通过对今天地质现象的观察和总结，当我们在地层中找到相似的蛛丝马迹时，我们就可以知道古代发生了什么。"也就是说，"今天是打开史前世界大门的一把钥匙"，我们要研究史前世界，运用的原理就是"将今论古"。

我们如何将今论古呢？以新芦木为例，如果要做一个像它当年生活环境那样的复原场景，我们要将它置于水边、高山上还是荒漠中呢？我们需要找到今天和它最类似的植物。当然，这种类似绝非仅仅外观上的类似，而是分类上的相近。很幸运，有一种叫作木贼的蕨类植物正是今天已知的和新芦木最为接近的植物。木贼喜欢生活在潮湿的地方，如沼泽、池塘边。因此我们有理由相信，新芦木也生长在潮湿的地方。同时，我们也要对埋藏新芦木的岩层进行判断。新芦木化石产于2亿多年前的绿色砂岩、页岩中，地层上属于上三叠统延长群。从沉积地质学的角度看，埋藏新芦木的化石属于河湖相沉积层，砂岩和页岩代表了古河岸边的泥地和沼泽地，这也进一步印证了它的生活环境。

当然，这种将今论古的原理还可以运用到更多的古生物乃至地质学研究中。例如，通过在青藏高原采集不同时代的植物孢粉判断高原几千年来的隆升情况，根据原地埋藏的硅化木年轮特征判定板块的移动和旋转情况，等等。

延伸阅读　通过化石还原亿万年前北京西山古面貌

如今的北京是建在平原上的一座大都市，那么，亿万年前的北京是怎样的环境呢？让我们通过化石及将今论古的方法进行解析。

通过化石证据还原的 3 亿年前的北京西山场景

我们驱车前往门头沟地区，在一个名叫灰峪的地方采集了不少植物化石，包括芦木、轮叶。埋藏地层是晚石炭世黑色泥页岩层。通过芦木和轮叶我们可以想象这个复原场景，从它们的结构形态及分类位置来看，它们和新芦木很接近。因此，我们可以判断北京门头沟在3亿年前可能存在一大片湿地，而以芦木为代表的各种喜湿植物在这里生长。

在植物化石采集地的对面，我们还可以看到几座石灰岩的山头，这些石灰岩至今已经有四五亿年的历史了。石灰岩的主要成分是碳酸钙，和水垢的成分一样，是在水中经过沉积而成。要沉积这么厚的石灰岩，陆地环境怕是很难达到，只可能是在海洋中。在这里的石灰岩中还发现过三叶虫，而三叶虫是海生生物，于是证明了在四五亿年前，至少在门头沟灰峪一带还是一片汪洋大海。

在北京门头沟采集的
羊齿植物化石

发现石油

宋代沈括看到石油时有何精辟论述？

想一想：

中国古代对石油有认识吗？

石油为什么被称为“工业的血液”？

石油是怎样生成的？

黑而黏稠，颜值着实不高，但是却有“工业的血液”之称，它就是石油。如今我们往汽车中加的油就是由它进一步提炼而成的，它的副产品——沥青正是修建公路的理想材料。它不仅是人类出行的加速剂，更是人类社会发展的加速剂。在没有汽车、没有沥青公路的古代，人们对于石油的认识是怎样的呢？

你也许意想不到，我国在几千年前就已经使用上了石油。

东汉著名史学家班固于公元80年左右所著的《汉书·地理志》中就有“定阳，高奴，有洧水，可燃”的记载。文中可燃的“洧水”就是石油。唐宪宗时期的宰相李吉

甫在《元和郡县图志》中记载了一种“石脂水”，特点是水上有黑脂，燃烧起来能发出非常明亮的光，这与石油的特征高度吻合。

对于石油记载最为详细的就是宋代的政治家、科学家沈括，他在《梦溪笔谈》中不仅描绘了石油，而且做出了一个跨越800年的成功预言。在《梦溪笔谈》中，沈括有这样的描述：鄜州、延州境内出产的石油——在水边产生，与沙石和泉水相混杂，慢慢地流出来，当地人用野鸡尾蘸取它，采集到瓦罐里。这种油很像纯漆，燃烧起来就像烧麻秆一样，但冒的烟却很浓，被它沾染过的帐篷都变黑了。令人惊叹的是，他认为“此物必大行于世”，也就是必然会成为人类常用的自然资源。果然，在8个世纪之后，随着内燃机的发明，石油的开采和利用效率越来越高，石油在世界能源中代替煤炭而跃居首位，人类开启了“石油时代”。

沈括之所以有如此真知灼见，除了他通过亲身实践积累了很多实际观察经验外，还体现在他对于事物本质的探究精神上，即不局限于对事物的罗列及现象层面的了解，而是试图深入对象的本质中去，探究其中的道理及规律。900年后，我国地质学家李四光本着同样的探索精神，通过对于石油生成和富集规律的认识，成功预测出在我国北方的几个构造沉降带有赋存石油的可能，对于大庆油田的发现做出了重要贡献。

延伸阅读　石油是怎么形成的？

要了解石油的成因，首先要了解石油的成分。由碳和氢化合形成的烃类构成其主要组成部分，约占95%～99%，各种烃类物质按其结构分为烷烃、环烷烃、芳香烃。可见石油是一种复杂的有机矿产，而自然界中的有机物质集中在生物有机体中。

因此关于石油的成因，学界和业界受到广泛认可的就是“生物成因说”，即石油是由古代生命有机质转化而来的，而海洋中大量的细菌和浮游动植物是其最主要的生命有机质来源。这些生物死亡后遗体不断沉积，并被迅速掩埋，在地下高温高压环境中转变为石油和天然气。

研究岩溶地质第一人

徐霞客真的在溶洞中居住并创作过吗？

想一想：

徐霞客对于溶洞的形成有何独到见解？

有个故事说徐霞客曾经在溶洞中居住十几天并进行创作，这个故事可信吗？

《徐霞客游记》有何重要的学术意义？

“一生游历大江南北，一世探寻地球密码”，这是后人对明代旅行家、地理学家徐霞客的评价。虽然生活在明朝末年这个动荡的年代，虽然生命只有短短 54 年，但是他行了万里路、读了一部厚厚的地球史书，他留给后人的地理学巨著《徐霞客游记》至今仍有极高的学术价值。

有个流传在广西的故事，就是徐霞客在考察一个山洞时不慎崴了脚，于是他就以山洞为家，在洞内居住了 13 天，在这 13 天中，他以自带干粮充饥，以洞中的水解渴，在如此艰苦的环境中写了上万字的记录，后来这些记录成了《徐霞客游

记》的一部分。这个故事可信吗？

徐霞客原名徐弘祖，从小就对山水痴迷，19 岁那年父亲去世，本想出游的他因为年迈的母亲不忍成行，但是母亲却十分开明。在母亲的鼓励下，徐霞客在 22 岁那年开启了游历的人生。在之后的 20 年间，他的足迹遍及浙江、江苏、湖北、安徽、云贵等江南大山巨川。风餐露宿成了他的常态，并且每日休息前，不论多累他都坚持把当日观察的地质地貌现象记录下来。

徐霞客对于岩溶地貌的观察和研究成果卓著，他曾经考察过 376 个洞穴，每到一个洞穴都要克服疲劳和危险，尽可能往深处探寻。溶洞中的钟乳石、石笋、石幔、石瀑布等景观都被他详细记录过。除了记录，他还对这些景观的成因有独到见解，他认为，山洞是流水侵蚀形成的，钟乳石是洞顶滴下的石灰水蒸发、沉淀而形成的……这些认识大部分符合现代人的认识。因此，徐霞客成了世界研究岩溶地质的第一人。

虽然关于徐霞客在洞中居住并创作的故事还有很多细节待考证，但这是符合徐霞客的作息和研究习惯的。此外，从当地的气候和自然环境来看，这个故事也有合理的成分。广西由于处于亚热带地区，夏季炎热多雨，冬季阴冷。但是溶洞内却完全不同，由于环境闭塞，所以溶洞内的温度较为恒定，像北京石花洞常年温度恒定在 13℃，并且可以遮风避雨，防止野兽侵袭，所以部分溶洞可以成为人类天然的家。

徐霞客几十年来的游历记录，最终集成了一部中国古代地理学巨著，这就是《徐霞客游记》。这是我国地学史上第一次较全面地对自然地理现象进行的理性探索，也是我国第一部较系统地研究地表岩溶地貌的著作。《徐霞客游记》成书时间是 5 月 19 日，所以这一天被定为“中国旅游日”。

延伸阅读　徐霞客对于长江源头的探索

如今我们知道长江是我国的第一长河，是世界第三长河，比黄河长了约800千米。在古代，人们普遍认为长江的源头是岷江，认为其总长度比黄河短得多。而这一认知错误后来被徐霞客纠正了。那么在没有卫星遥感技术的明代，徐霞客是怎样对长江考察研究的呢？其实徐霞客采用的方法就是科学研究的基本方法：观察、推理和验证。

徐霞客观察到了什么？他观察到长江的江面比黄河宽很多，但是根据当时掌握的信息，长江的长度比黄河短很多，这就使得他产生了疑问。那么他是如何进行推理呢？他是这样推断的：长江的水面宽阔，意味着水量更大，那么只有比黄河更长，能够汇集更多的支流才能使得其江面更宽阔。他又是如何验证呢？他亲自溯源考察岷江和金沙江，比较谁长，最终他得出了金沙江长度可能是岷江的2倍以上。因此，徐霞客最终确定金沙江才是长江的干流，而岷江只是一条支流。

当然，徐霞客的推理也是有问题的。因为河流的长度与流量并非完全成正比，有不少例外情况，例如世界第一长河尼罗河的流量就远远小于世界第二长河亚马孙河。但是徐霞客的这种探索精神和方法仍是值得学习的。

地层叠覆律

做三明治、建楼房对于地质研究有何启示?

想一想:

我们读书时,第一页在最上面,最后一页在最下面,所有的层状物都符合这个规律吗?

做三明治时,第一片面包放在最上面吗?

像书页一样的沉积岩层有何顺序特征?

我们通过阅读史书了解人类历史。要想了解地球的历史,我们则需要研究岩石。地球上有一种岩石,往往呈现像书页一样的层状;它是地表的沉积物不断沉积、压实、胶结而形成的;几乎所有的化石及煤炭、石油、天然气等矿产资源都保存

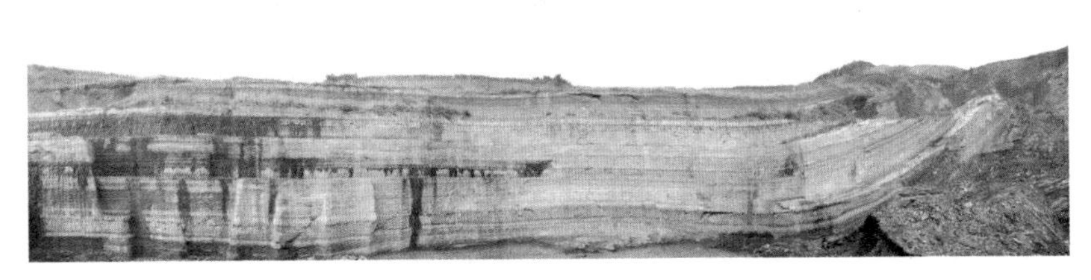

未经扰动的地层下部老、上部新

在这种岩石中，这就是沉积岩。沉积岩由于形成于地表和近地表的环境，能够记录和保存古环境，因此也被称为“记载地球历史的万卷书”。

那么，沉积岩各层的顺序是怎样的呢？是和书一样第一页在最上面吗？我们可以用实践操作来模拟沉积岩层的原理，这个操作就是制作三明治。首先，我们拿出第一片面包，放在案板上，这就好比第一层沉积物沉积下来。接下来在第一片面包上抹上一层黄油，代表第二层沉积物；再往上加一片火腿肠，代表第三层沉积物……最终一个三明治雏形就做好了。然后我们可以放在烤箱里烤，这就好比沉积物压实固结成岩的过程。我们再回顾这个过程，会发现最先放的面包片在最下面，而最后放的面包片在最上面。沉积岩层的形成和制作三明治有类似之处：最先沉积的地层在最下面，最后沉积的地层在最上面。这种下老上新的地层关系原理最早是由英国地质学家斯坦诺提出的，被称为地层叠覆律。

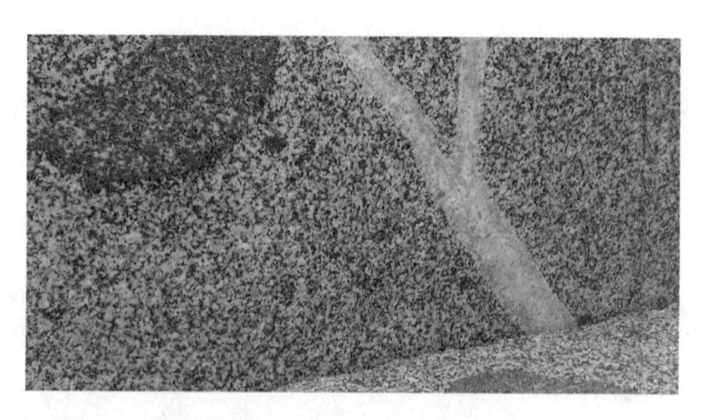

根据岩石的包含和穿插关系可知，左上的包体最古老，花岗岩其次，石英脉最晚

除了地层叠覆律外，还有哪些可判别地层新老关系的原理呢？我们不妨举一个建高楼的例子。我们发现建楼也遵循下老上新的原理，即第一层最先建，最顶层最后建。那么，如果有三个步骤：浇筑水泥、打钢筋、安装贯穿全楼的水管和暖气管，哪个在前，哪个在后呢？你会很快答出：打钢筋最先，接下来浇筑水泥建好楼层，最后才是安装管道。这个顺序还引出了判别地层新老关系的另外两个原理：包含原理和穿插原理。

岩浆顺层侵入新成岩床，虽然图中岩浆岩位于沉积岩下部，但是它比上部沉积岩要新

岩浆沿着垂直裂隙灌入形成岩墙，通过穿插关系可知，岩墙的年龄小于周围围岩

所谓包含原理，就是被包裹的地质体形成在前，而包裹的地质体形成在后。就像钢筋被水泥包裹，一定是先打钢筋再浇筑水泥一样。我们在花岗岩中经常看到很多包体，这些包体是其他种类的岩石，它在花岗岩形成之前就已经存在，后来被形成花岗岩的岩浆包裹，当岩浆冷凝后就可以看到花岗岩中有各种包体。所谓穿插原理，就是被其他地质体穿插的地质体形成在前，而穿插体形成在后。这就像建楼必须先把各楼层建好后，再打孔安装贯穿全楼的管道一样。在野外，我们经常看到

水平的沉积岩层被一道竖直的岩浆岩脉贯穿，那么，根据穿插原理，沉积岩层一定形成在先，岩浆岩脉形成在后。

通过上述原理，地质学家能够判定各个地层形成的先后顺序，也就可以厘定各个地质时间的先后顺序，从而把一个地区的地质演化史勾勒出来。

延伸阅读 地层学也应用于考古领域

考古学也涉及文化层，而文化层的堆积和地层叠覆律一样，是上新下老的。当然，有时会出现后朝在建设过程中会翻动前朝的文化层的现象，此时依然可以根据穿插原理判断出文化层的新老。

考古文化层模型

化石层序律

如何给地层断代？

想一想：

你觉得考古和地质研究有何共同点？

你如何给岩层进行断代？

最早提出地层断代方法的科学家是谁？

考古学和地质学都研究历史，只不过考古学研究的历史是人类发展史，主要以人类文明史为主，也就几千年的时光；而地质学研究的是地球发展史，时间跨度达46亿年。但是两者在一些研究方法上是相通的，其中就包括地层学的研究方法。

在考古中，有一个概念叫文化层，也就是在历史的某个特定时间段形成的地层沉积，在这个地层中，我们只能发掘出土这一时期的文物。不同历史阶段的人类遗物各具特色，在自然堆积条件下，石器时代的地层中保存的肯定是石斧、石矛这些简单的石制品，绝对不会出现西周时期的青铜鼎；在汉代的地层中也必然不会出现宋代的瓷器。这个原理其实在地质学的研究中也用得到，而帮助科学家给岩层断代的“文物”就是化石。这种方法是由英国地质学家威廉·史密斯最先提出的。

恐龙足迹所在的地层是中生代的

史密斯 1769 年出生在英国牛津郡一户农民家庭。七岁时父亲去世，由其叔叔领养。后来进入一所乡村学校读书。正是这宝贵的受教育机会使史密斯接触到了测绘学，这也为他打开了地质生涯的大门。1787 年，史密斯开始给测绘员当助手。1795 ~ 1799 年，他参与了新运河的施工工作。这四年风吹日晒、风餐露宿的生活，不仅使史密斯成了工程测绘的能手，也让他有更多的机会接触野外的岩层露头。

他注意到，埋藏在岩层中的化石也像我们居住的楼房一样有固定的“楼层”和“门牌号”，也就是说，特定的化石种

含有三叶虫化石的岩层是古生代的

和化石组合只埋藏在某个时间段形成的层位中，故可以根据岩层中的化石面貌判断地层的新老，进行地层对比，这就是著名的化石层序律。今天我们使用标准化石给地层定年的方法就是依据史密斯发现的这一定律。

不仅如此，史密斯也是第一个绘制完成英国地质图的人。1804 年起，史密斯就专注于地质学的研究。他将自己的办公地点搬到伦敦，并花费大量的时间和积蓄到处进行野外考察。1815 年，他完成了英国首张地质图。

地质图与一般地图不同，上面用不同颜色色块标明不同时代地层露头的展布范围及各种地质过程。由于地层出露是不连续的，因此判别每一地点地层的时代就要依据地层中特定的化石。这就好比我们要在十三朝古都西安的地图上标明不同朝代文化层和遗址分布的范围，必须进行文物普查，并且依据不同地点出土的文物判断这个地点文化层所处的朝代。

史密斯一生清贫坎坷，但他留给地质学界的财富是不可估量的，他也是第一个用化石丈量地球年轮的人。

延伸阅读 为什么不能完全依赖同位素测年去断代?

科技发展使得人们能够通过放射性元素衰变的原理去定年，这就是同位素测年法。在考古上用碳-14法测年，在地质学研究中一般用铀235进行测年。但是同位素测年对于一些岩层，特别是对于古环境有重要意义的沉积岩层是无效的。

沉积岩层其实是岩石的再造，就好像我们做千层饼、花生糖一样。我们对沉积岩这张“千层饼”进行取样，然后进行同位素测年，那么我们测得的是饼“发面”的时间，而不是饼“烙成”的时间。同理，如果我们对于一件古人类石器（一般是石英岩类）进行测年，那么测出的结果可能是几亿年，因为这是石头形成的时间，而不是石器制作的时间。

因此，对于无法用同位素测年进行测定的地层，采用化石层序律的方法还是非常有用的。

大陆漂移学说

一张撕开的报纸能给我们什么启示？

想一想：

你如何证明两张报纸曾经连在一起？

这个简单的道理能否阐释两块陆地曾经连在一起？

为什么魏格纳提出的大陆漂移学说没有得到广泛的承认？

1910 年的一天，远在德国柏林，一位 30 岁的年轻气象学者在病榻上望着墙上的世界地图，发现南大西洋两侧的非洲和南美洲的海岸线就像拼图一样似乎可以完美拼接上。当他仔细用放大镜观察这两块大陆的海岸线时，他惊奇地发现非洲西海岸的每一个小海湾都与南美东海岸的每个突出的部分相对应。这难道真是巧合吗？

这位年轻的学者叫阿尔弗雷德·魏格纳，他是个喜欢探险的人。为了满足探险的欲望，他攻读了气象学，并在 1906 年去冰天雪地的格陵兰岛进行考察。可以说，他也是一位探险

魏格纳对于世界各大陆形状的观察引发他的思考

家。相对于气象学，地质学对他来说算是“隔着行”，然而他依旧坚持自己的直觉——非洲和南美洲曾经是合在一起的，只是因为种种原因它们分开了。当然，作为从事科学研究的人员，魏格纳也深知科学研究不是凭空想象，在通过观察得出理论或观点后必须去验证其真伪。他曾做过这样一个形象的比喻：“两片报纸，要证明它们是由一张撕开的，需要验证两件事情：一是报纸的毛边能对上；二是里面的文字和图片能接上。”那如果将非洲和南美洲比作两片报纸，它们的“毛边”已经对上，那里面的“文字”和“图片”是什么呢？又如何证明“文字”和“图片”能接上呢？

魏格纳通过查阅各种地质资料发现，有下列事物可以作为“文字”和“图片”：一是地质构造，即如果真将两块大陆拼合在一起，其地质构造是否连续；二是化石证据，这里的化石需要找陆生且仅仅是局地分布的物种；三是沉积物的证据。

在多年的调查中，魏格纳已经发现了相隔大洋的大陆之间存在这样的证据。例如，在非洲西海岸和南美洲东海岸都出产一种名为中龙的淡水爬行动物化石，并且如果将非洲和南美洲拼接上，中龙化石的分布区也能接上。他还在非洲、南美洲、南极洲和大洋洲发现了一种名为舌羊齿的植物化石，其分布特征也是如此。放眼全球，一些造山带具有呼应性，如非洲南端与南美洲布宜诺斯艾利斯之南的二叠纪褶皱山系同是东西走向的，美国东部的阿巴拉契亚山脉和欧洲西北部斯堪的纳维亚山脉具有呼应性。此外，作为气象学学者的魏格纳还从古气候和冰川遗迹中找到了蛛丝马迹，即在非洲、南美洲包括印度南部发现了晚古生代冰川遗迹。魏格纳去世后，随着古地磁研究的兴起，人们发现如果将非洲和南美洲、欧洲与北美洲拼合在一起，这些大陆古地磁移动曲线是完全重合的。

正是有了多重证据，魏格纳在其巨著《海陆的起源》中正式提出了大陆漂移学说。但是大陆漂移学说依旧未被科学界接纳，其根本原因就是没有解决驱动力的问题。虽然魏格纳也在不断探索，但是 1930 年 11 月 2 日，他在格陵兰岛最后一次探险途中不幸遇难，而这一天正是他 50 岁生日。魏格纳孤独求索一生，为人类认识地球做出了不可磨灭的贡献。

延伸阅读 大陆漂移的驱动力是什么?

是什么推动着大陆不断漂移呢?板块构造学说诞生以来,科学家们把目光转向地壳下部的地幔。由于地幔温度很高,特别是在地幔上部呈熔融状态的软流圈。

烧开水的过程给科学家们以启迪,在不断加热状态下,下部水温升高,密度变小,沿着中心上涌,而上部水因为温度低、密度大而向两侧推开,并沿着壶边缘下沉,据此,科学家推断,熔融的地幔物质也会产生这样的对流,正是这种对流推动板块漂移,从而造成海陆位置不断变换。

地质力学

李四光的地质力学理论有何应用?

想一想:

你知道我国著名地质学家李四光的主要贡献是什么吗?

你听说过“地质力学”这个概念吗?

地质力学理论和我们的日常生活有何关系呢?

李四光的一生可以说都在与山石打交道，是一生都在石头中为祖国寻宝的人。李四光最重要的贡献就是创建了地质力学理论，该理论对于寻找油气资源、工程建设和防灾减灾具有重要意义。

李四光塑像

或许你一听地质力学这个名词就会感觉很深奥，其实基本原理是很简单的。所谓力，就是物体对物体的作用。力控制着物体的运动状态，也能改变物体的形状。我们在地表上看到的各种地形，无论山脉、平原、盆地或峡谷，包括像地震这样的灾害，都是地质作用力导致地壳发生变形的结果。我们看到的河水流动、火山喷发，看不见的地下水运动、油气资源的运移、岩浆侵入成矿，以及很难察觉的板块运动都是地质作用力产生的运动结果。通过地表地貌景观及岩层记录，科学家们可以分析出不同地质历史时期地壳受力状态及不同时期形成的地质构造，从而研究各种矿产资源的形成和富集规律，预测其埋藏地点。同时，也可以对一个地区发生地震、火山、崩塌、滑坡、泥石流等灾害的可能性进行判断，用以指导防灾减灾。

地质作用力导致岩石圈变形，并为矿产资源形成和富集提供条件

地质力学和我们的日常生产生活有密切关系。例如，要背靠山建房，山体是否稳定对于建房就很重要，而山体的稳定性则依赖地质力学理论去研究推断。又如，在哪里打井才能出水、水质如何，需要运用地质力学理论对地下水运移规律进行研究。再如，开采煤矿时，突然遇到断层而导致矿脉中断，此时需要利用地质力学理论研究地质构造，“顺藤摸瓜”寻找另

一段矿脉。

在新中国的建设史上，李四光地质力学理论最大的贡献就是预测在我国几个构造沉降带内赋存油气资源，这在东北松辽盆地、华北地区、江汉地区、北部湾、新疆地区和柴达木盆地都得到了验证。在为祖国寻找石油宝藏的同时，李四光还注意到地质构造与地震的关系，并运用地质力学成功预言了华北地区的多次强震。此外，他提出的中国存在第四纪冰川的理论也被证实。

晚年的李四光，生活很简单。饮食上不沾荤腥，衣着也很朴素，甚至补丁摞补丁。1971 年 4 月 29 日，82 岁的李四光病逝，而他留下的最为像样的遗物是他一生积攒的多本野外记录簿和一把锈迹斑斑的地质锤。

为了纪念这位伟大的地质学家，2009 年 10 月 4 日，经国际天文学联合会小天体提名委员会批准，中国科学院国家天文台将第 137039 号小行星命名为“李四光星”。

延伸阅读 李四光的名字因何而来？

1889年，李四光出生在湖北黄冈的一个贫寒人家。14岁那年，他告别父母，独自一人来到武昌报考高等小学堂。其实他的原名是李仲揆，因报名时误将姓名栏当成年龄栏，写下了“十四”两个字，最后将错就错，将“十”改成“李”，后面又加了个“光”字，“李四光”由此得名。

在李四光的早年求学生涯中，他有两次留学的经历。第一次是留学日本，学习船舶制造。回国后成了孙中山领导的“同盟会”的一员。辛亥革命后，李四光再次踏上留学之路。这次，他奔赴更为遥远的英国，学习采矿和地质学，从此他的人生就与石头为伴。

1918年，李四光在英国伯明翰大学拿到硕士学位后，婉拒了英国一家矿业公司的高薪聘请，毅然回国，在北京大学地质系担任教授。从那时开始，直到1971年去世，李四光都在为祖国的地质和找矿事业忙碌。

地质野外工作

《勘探队员之歌》为何几十年来一直响彻山谷?

想一想:

你听过《勘探队员之歌》吗?

这首传唱了几十年的老歌为何经久不衰?

勘探队员在野外都做哪些工作?

是那山谷的风，吹动了我们的红旗。

是那狂暴的雨，洗刷了我们的帐篷。

……

是那天上的星，为我们点燃了明灯。

是那林中的鸟，向我们报告了黎明。

我们有火焰般的热情，战胜了一切疲劳和寒冷。

背起了我们的行装，攀上了层层的山峰。

我们怀揣无限的希望，为祖国寻找出丰富的矿藏。

这首传唱了几十年的《勘探队员之歌》至今仍然响彻山

谷。勘探队员常年到户外与山水、大自然为伴，他们用脚丈量祖国的壮美山河，在大自然中寻找宝藏。然而，从事地质工作绝不是简单轻松的游山玩水，享受“醉翁之意不在酒，在乎山水之间”的惬意，也不是单单去承受跋山涉水的辛劳，而是苦乐相伴，既需要超强的体力和耐力，更需要智慧，同时也别有一番乐趣。

野外测量剖面

测量地质体产状（地质体在地壳中的空间位置及其产出状态）

其实“地质勘探”一词比较通俗化，真正的科学名称叫“地质调查”，也就是到野外获取地质信息。这些地质信息不只是包括“哪里有宝藏”，而是一个综合性的信息汇总。这些信息主要涉及岩层和地貌，如岩层的展布情况、岩层的年代、岩层的产状（是否倾斜、走向、倾斜角度等）和构造（是否弯曲变形、断裂）、岩层的岩性、岩层中所含的矿物和化石、岩层与地貌的关系等。只有掌握了这些信息，才能为寻找矿产资源、水资源乃至珍贵的珠宝玉石原石提供明确的线索，也为我们的工程建设提供科学的依据。

采集标本

用放大镜观察岩石标本

勘探队员们背着满满的行囊，行囊里不仅有各种户外用品、食品和水，野外工具更是必不可少。野外工作可以说与数字3非常有缘，首先，从过程看，每天的野外工作分为准备阶段、户外阶段和室内整理三个阶段，这三个阶段都十分必要；其次，野外工作主要干三件事：测量、记录和采集标本；最后，地质学家将“罗盘、地质锤和放大镜”称为野外工作的三大件，这三样东西是必备的。此外，野外工作中安全和保密工作是必不可少的，因此所带的地质图鉴、GPS定位仪及手中的野外记录簿被地质队员视为和生命同等重要的三件宝物，是绝不能丢失的。对于野外工作的服装也有严格的要求。即便是在烈日炎炎的夏日，也要穿长衣长裤，以及软底的登山鞋。因为当你穿越灌木丛或碎石山时，长衣长裤便能提供保护。此外，野外工作地点有时会发生崩塌、滑坡、泥石流等灾害，因此护目镜、护膝、头盔也是必备的。

野外做地质记录

每天出队回来后是否就可以好好睡一觉了呢？完全不是。还有烦琐的整理工作，包括样品、照片、GPS 数据整理，以及野外记录簿的补充完善……野外工作结束后，还要撰写可能长达数百页的调查报告，并用计算机编制新的地质图件。这些成果将最终为未来进行更详细的调查、找矿工作提供一手资料。

地质队员居住的帐篷

地质野外工作充满着苦和乐。目前，很多工作都在西部荒漠和高原区进行，如内蒙古阿拉善、新疆塔里木盆地、青海柴达木地区、藏北羌塘盆地等。在荒漠区工作，每天最大的挑战就是缺水。一般情况下，地质队员出发每人只背两瓶水，而且上午是不喝水的。在高原区工作，要克服高寒缺氧的状况，要在帐篷里过夜，一两个月都洗不了一次澡，还可能遇到豺狼虎豹，或者山崩、泥石流等各种危险。

从野外回来后还需要修理标本

正是这样艰苦的环境，使地质队员锻炼出了开朗豁达的心态，并且组成了一个特别团结和能战斗的集体。在野外孤寂的时候，地质队员们有时也会弹吉他唱歌或者说长道短，短短一两个月的时间大家可能就会从素不相识的同行变成亲密的一家人。那首创作于几十年前的《勘探队员之歌》是地质人在野外传唱的最热门歌曲，已经成了大家的感情寄托。

延伸阅读 野外工作的三项任务

野外工作主要是测量、野外记录、采集标本。

测量就是对地质事物的方位等几何要素进行测量，最常用的是岩层的走向、倾向、倾角、山体的坡度、岩层的厚度，还有远处特殊地质体相对于你的方向，以及一些特殊地质事物或现象的长、宽、高等。这种测量使用的主要工具就是罗盘，同时测绳、皮尺也是必不可少的。

野外记录是非常重要的工作，我们需要将地物、地质现象用铅笔画在野外记录簿上，并且要进行拍照，同时用GPS进行定点，记录下精确的经纬度坐标。地质野外记录簿是一个红色的硬皮本，本内的左侧页是坐标纸，右侧页是横格纸。野外记录簿一律用铅笔记录，在坐标纸上素描地质现象，在横格纸上记录测量的数据，并描述地质现象。当然，随着技术的更新，目前除了写野外记录簿外，还需要用数码相机拍照，并将地质信息直接输入记录仪，这大大提高了记录的精确度。

采集标本工作也十分重要。采集工具主要是地质锤，同时还配有錾子、铁镐、钢钎甚至电锯等工具。地质锤一头方、一头尖。打标本时通常用方头敲打，用尖头撬动岩层。地质标本的大小是有规格要求的，通常不小于9厘米×6厘米 × 3厘米。除了特殊标本外，一般没必要采得太大，